溫和且堅定的
正向教養 3

從出生開始培養有信心的孩子

姚以婷 審定推薦

瞭解適齡行為

紮根良好人格基礎

POSITIVE DISCIPLINE

THE FIRST THREE YEARS

From Infant to Toddler—Laying the Foundation for Raising a Capable, Confident Child

遠流出版公司

目次

Contents

目次

Contents

推薦導讀

以正向教養法培養自信與發展潛能

姚以婷／美國正向教養協會國際顧問和認證導師、中華亞洲阿德勒心理諮商暨應用協會理事長、亞和心理諮商和訓練中心院長

這是一本充滿愛的書籍，無論你的孩子是零到三歲，或是像我的孩子十八歲，都要恭喜你，閱讀本書會讓你對於教養有更清晰和深入的認識；還有，重新找回愛的感受，記憶起孩子剛出生的可愛模樣，內心再次充滿愛意和勇氣，可以面對生活的挑戰。

基於阿德勒心理學的正向教養

「正向教養」（Positive Discipline）又被譯為正面管教或正向管教，由美國教育學博士簡・尼爾森（Jane Nelson）根據心理學大師阿爾弗雷德・阿德勒（Alfred Adler）的教育思想，在一九八〇年代主持一項美國聯邦政府資助、以家長與教師運用正向教養法進行兒

童教育的研究專案，結果發現成人學習正向教養對兒童有明顯正面的影響。「正向教養」主張不懲罰也不溺愛孩子，傳統的獎懲制度注重的是改變行為，但效果短暫，並可能產生負向的後遺症，像退縮或反抗。正向教養認為管教孩子的重點應放眼於「未來」，著重在培養孩子優良的品格與能力，同時針對問題行為的深層動機進行了解，而非僅僅改變行為表相。

建立有信任感的親子關係

「正向教養」已發展出超過兩百種兼具實用和可操作性的教養方法，不打罵孩子，而是提倡家長和嬰童照顧者透過溫和的關懷與詢問，建立良好的親子關係品質，讓孩子在好的關係中感覺被愛與尊重，再賦予合適於不同年齡孩子的任務，鼓勵孩子完成任務，孩子才能建立自信心，未來也就能與他人建立好的關係，進而擺脫依賴他人評價，獲得真實的勇氣，接納自己和他人的不完美，創造屬於自己的圓滿人生。建立信任感的關鍵期就在於出生後的頭三年。

愛需要有效的行動

試想，如果對著一個三歲不到的孩子大吼大叫、揮舞著雙手，你會期待孩子做出你想要做的行為嗎？還是孩子只會嚇傻停在原地？沒錯，他當然會停止他當下的行為，實際上他只是嚇到了，其實聽不懂你在講什麼。等到你不在的時候，他還是用老方法去做事。

大部分的父母都希望「管教」能夠快又有效，跟吃藥一樣，殊不知特效藥皆有副作用，嚴厲管教還有後遺症：懲罰會阻礙大腦的最佳發展。在教養孩子的過程中，真正重要的是在展現父母愛的時候，能不能培養出孩子的責任心和能力，並且鼓勵他能發揮潛能，成為一個快樂並且能貢獻社會的人。真正的父母愛需要有界線，在必要的時候說不，讓孩子從自己的行為當中獲取學習經驗。對嬰幼兒照顧者來說，教養意味的是，大人先了解孩子，決定採取什麼做法合適孩子，然後溫和堅定的落實執行；而不是你期待孩子要做出那一些行為和事情符合你的期望。

鼓勵的藝術

懂得如何鼓勵、抱持信心和引導技巧的家長，最能幫助孩童建設自信和自我價值感。本書第十一章強調如何培養韌性，提供非常多具體的小方法，例如說故事給孩子聽。作者提出，對孩子講述童年故事可以鼓勵孩子發展處理事情的技巧和韌性，就算經歷打擊和創傷，故事能夠穩住孩子的心，給孩子堅強的自我和家庭歸屬感，讓他們能夠面對外在的壓力，而發展出韌性。

我的孩子在海外求學，最近正值環境適應困難，我心中正為此感到不安，便按照書上所說，「說故事給孩子聽」，回想起幾個孩子年幼時期和我一起面對找出解決困難方法的情境。想起這些事件，在在映照出孩子適應環境的勇氣。書中文句就像照見孩子勇氣的光，頓時，技窮的我又知道可以如何鼓勵孩子了。轉述這些屬於他個人的童年故事，肯定能夠再次給他加油打氣！

正向教養在國際與台灣的發展

簡・尼爾森於一九八一年寫下《溫和且堅定的正向教養》（Positive Discipline）一書，並與婚姻家庭治療師琳・洛特（Lynn Lott）為家長和教師編寫出正向教養的課程指南，後來又與雪柔・埃爾溫（Cheryl Erwin）等人共同寫下本書。過去四十年間，「正向教養」已經成為美國主流親子教育法之一，發展出超過兩百種可運用於各項親子問題的實用教養法，課程與培訓遍布全球，進入台灣也已經有八年的歷史。在美國、墨西哥、厄瓜多、西班牙、法國、瑞士和中國等地均有多所全面實施「正向教養的示範學校」；台灣自二〇一八年開始有二家幼教集團陸續導入「正向教養」理念和教學工具。

筆者從二〇一一年在國立台北教育大學完成阿德勒心理學專題研究的碩士論文後，到美國正向教養協會（Positive Discipline Association）接受創始人簡・尼爾森親自培訓。二〇一四年參加全球導師選拔訓練營，該次訓練營的評審委員就是本書兩位作者簡・尼爾森和高級導師雪柔・埃爾溫二位本書作者。筆者通過核可，成為台灣唯一獲取正向教養協會認證的導師，在亞洲開設超過二百場家長課程和七十期講師認證班，目前台灣大約有一百五十名正向教養講師。

雪柔・埃爾溫不僅學識淵博，細膩具豐富情感的文筆恰如其人。我們雖來自不同國家，卻感覺十分投緣，後來我們倆結拜成為乾姊妹，經常交流生活點滴或在課程中約見，她在正向教養學習之途上不吝給予我許多寶貴的經驗分享與指導。

我邀請她在二〇一七年十月底來台灣，帶領正向教養家長講師和學校講師認證班共二期工作坊，她優雅謙和的風度與深厚的正向教養學理知識，給所有台灣同學們留下深刻美好的學習典範。她將於二〇二〇年二月再度來台，深度分享本書內容以及正向教養於早期教育和學校環境中的運用。

序言

父母養育孩子，是自古以來就有的事。大家可能會暗想，本書的概念最初提出至今，十六年間能出現多大改變？的確，正向教養的基本概念並沒有變化，但最近幾年來經過新的研究，再加上我們與多個家庭合作探討之後發現，我們對幼兒的認知與瞭解已更往前進一步了，而且與以往的瞭解不太一樣。越來越多腦部研究印證了我們的教導理念，現在的世界也出現了巨大變化，九一一事件和科技發展就是兩個例子。

當然，很多事情恆久不變，像是年幼的孩子都需要無條件的愛，也需要鼓勵、生活技能、監督等，當然更不用說要有極大的耐心。但在其他方面，我們要學的還很多：科技日益精進，我們還沒能完全理解這對幼兒和家庭會帶來什麼影響。有些父母也告訴了我們一些新的故事，讓我們透過這本書分享給各位。育兒旅程神奇美好，也常是困難重重，我們利用這個機會全面更新與零到三歲孩童相關的正向教養觀念，讓剛啟程的爸媽能從書中得到更多收穫。

多年來，有些父母曾質疑：「小孩才剛出生幾年，怎麼能談『管教』這件事？父母為什麼要懲罰年紀還這麼小的孩子？」我們其實完全不提倡懲罰小孩，不管幾歲都一樣。我們秉持的精神，是用慈愛、尊重與溫和的方式來教養孩子，傳授他們重要的社會及生活技能，奠定人際關係及人生順遂成功的基礎。所謂懲罰，指的是要讓小朋友為犯錯而「付出代價」——其實，有些並不是真的「犯錯」，只是「孩子在當下發展階段，常見的正常行為」。正向教養的目的是要幫助孩童在有愛、有支持的環境下「學習」。

最重要的是，我們提倡建立愛與良好的關係，在父母和孩子之間形成堅定不移的情感連結。正向教養新增的一項重要主題是「先連結情感，再糾正行為」。與家裡小小孩的情感連結是目前最珍貴的教養工具，其他一切都視親子關係的品質好壞而定。有些家長會說：「可是，那個正向教養的工具沒什麼用。」這時我們就會想，這些家長是否把工具用在爭奪親子間的主導權，還是真的領會各式工具背後的原理，而其中最核心的精神便是情感連結。

在本書中我們特別強調：孩子對自我形象的認定，是來自於他們日常生活當中的經驗，而這些認定正是他們行為背後的動力。孩子在過度管控或重視服從的環境中成長，或者是在溫和且堅定的環境中成長，會產生完全不同的觀點。如果想要知道如何帶來改變，首先就是要瞭解「行為背後的觀點」，並且體認到如要幫助孩童改變觀點，所需時間可能不亞於當初發展出這些觀點的時間。正向教養的用意不在於快速解決問題，而是創造一個良好的環境，讓孩子能做出健全適切的決定，從而一生受用無窮。

我們也是父母，也曾拉拔子女長大，一路看著孩子們展開他們自己的生活和旅程，我們可以告訴你，在養育幼兒過程，歷經一切怒火攻心、輾轉難眠、萬般出錯與操煩後，**唯一留下來的會是「愛」**。要是一切都不管用而你又無所適從時，回歸到愛吧。愛和你內在的智慧會指引你前行。

我們衷心期許本書能成為你的良師益友，陪伴你和孩子共度充實的歲月。不要怕提問或是學習新技巧和概念。養育孩子是需要勇氣的事，但別忘了孩子他們自己也需要勇氣。盡情細細品嘗孩子從零到三歲的美好時光，因為這三年轉眼即逝。

前言
孩子的心聲

我叫瑟琳娜，現在二個月。我能聽出媽媽的聲音，會找她的臉在哪裡。她抱我的時候，我最喜歡跟她撒嬌。我喜歡喝ㄋㄟㄋㄟ，如果她沒有準時餵我的話，我會哭。媽媽哄我睡的時候，我會一直看一直看。我喜歡洗澡，可是不喜歡她幫我洗頭洗臉。我喜歡別人跟我說話，對我大笑，跟我玩。我很想拿玩具，但還拿不起來。我喜歡天天出門，就能知道有什麼新鮮事，我觀察周圍一切的事。

我是詹姆士，我快要兩歲了。我全部的事都想自己做，我不要別人幫忙。我做的很慢，可是我喜歡用自己的方法做事。如果你幫忙我，我就要從頭自己做，如果你幫我穿好襪子，我就會脫下來自己再穿一次。自己動手比較重要，襪子有沒有穿反不重要。我常會跟人家說「森日快樂」，有時候還會一直尖叫，因為我還不太會講話，不太會把全部的意思都表達出來，但我學會一個很厲害的詞：不要！

我叫荷西，下個月我就滿周歲了。我隨時都在笑。我喜歡照我的規矩來。我喜歡吃東西，我的最愛就是食物，特別是大人的食物，可是我不喜歡吃南瓜。我正在學走路，常常撞得又腫又瘀青。我喜歡在屋外追著貓跑，可能因為我愛牠愛得太壓迫了，牠昨天還咬我的手。我最喜歡講的是「馬麻、把拔、好、寶寶」。

我叫做邦妮，我今天滿八個月。我有兩顆牙齒，還有一個姊姊。我開心的時候喜歡擺動雙臂。我發明了一個好玩的遊戲：媽媽給我紙，我就拿來啃，她只好一直挖我的嘴巴，想把紙挖出來。然後我就一直笑。我很喜歡玩這個咬東西的遊戲，什麼東西都咬，在海灘上時時刻刻都在咬，小石頭或其他抓得到的東西統統往嘴裡塞。媽咪要一直找我嘴裡藏了什麼，忙得不可開交，很好玩喔。

我們是小孩子，我們是小寶貝，也是這本書的主角。你認識的其他小孩子在某些方面或許和我們很像。在這本書裡，你可以看見我們的世界，也可以說是我們躺著換尿布時所看見的世界。書裡講的是我們在商店裡伸手亂抓那些閃亮亮的東西時，心裡在想什麼；書裡講的是我們為什麼晚上不睡覺、不喜歡吃豆子、不乖乖用馬桶。

請你學著瞭解我們的世界，這樣你就能明白要怎麼協助我們成長，怎麼鼓勵、教導我們。我們剛來到這個世界，隨時需要你的幫忙。我們很可愛，需要花時間照料，有時還會搞得一團亂。我們是全世界獨一無二的個體。這本書寫給最愛我們的人。

第一部

準備工作：新生兒與正向教養

第一章

剛誕生前幾個月的正向教養觀念

小寶寶的出生，真是奇蹟的一刻。凡是經歷過的人，都不能忘記這個人生重大里程碑。新手爸媽獲悉小寶寶即將來臨的訊息，或許有點震驚，或許有點欣喜（因為「努力做人」的日子終於過去了）。無論如何，這是個改變人生的大消息，不能抹滅。本來的你過著獨立而隨興的生活，現在一切都變了，因為寶寶即將到來了。

新增了個小嬰兒後，不管內心多麼期盼、疼惜這個小孩，大多數家庭還是得適應一下隨之而來的改變。大人之間的關係必須要調整，家裡也需騰出空間來容納新成員，固定的行程和優先事項也不同了，而媽媽的身體也起了變化。寶寶是讓人摸不著頭緒的迷你人類，用只有自己知道的規則行事，

而且每個寶寶的規則還不一樣。有些父母很幸運，頭一胎「很好養」，但第二胎沒這麼好應付的時候就覺得無法理解。也有些人則是先遇到高難度的大寶，接著二寶比較輕鬆而感到又驚又喜。

新生兒的頭幾個月可能令人筋疲力盡、興奮無比，又充滿挑戰。但未來總會有一天，你回味這些辛苦的白天和失眠的夜晚，才驚覺孩子早已長大。

為寶寶鋪設舞台

閉上眼睛一會兒，回想第一次見到你們家新生寶寶的情景。他可能紅通通、光溜溜、皺巴巴，但你卻覺得他是無比的美麗，他的第一次哭聲真是難以形容的悅耳。有些作家和畫家曾想捕捉新生的奇蹟時刻，但筆墨文字或影音紀錄又難以形容親子之間的感應。

對於多數父母而言，孩子誕生之前的好幾個月中，充滿了各種計畫、夢想和擔憂。你可能一邊思索，一邊懷疑自己真的能勝任父母的職責嗎？到時會不會不知所措？寶寶能一切安好無恙嗎？準爸爸、準媽媽不斷談著布質和免洗尿布的優勢、母奶和配

方奶的差別，以及要買市售的嬰兒食品還是在家自己做比較好。要幫小孩取什麼名字，他們花幾個小時都討論不完，還要把名字一一唸出來聽聽順不順耳。

新手父母會購買（或獲贈）一些超級小的迷你小衣服，還有一些名稱怪異的物品，例如「寶寶包毯」，父母們會懷疑到時候真的會知道要怎麼拿那個被毯來包覆寶寶嗎？他們還會採買（或者拿不定主意要不要買）一些寶寶用的神奇物品，例如車用嬰兒座椅、娃娃車、搖籃、奶嘴、奶瓶、集乳器和遠距監控器。祖父母則在一旁不以為然地說，全世界幾百萬個小孩沒用過這些華而不實的器具，也是平安長大啊。或者祖父母自己跑去買更多、更耀眼奪目的寶寶用品。在這個消費時代，市場上有許多美麗的衣物和吸引人的設備，誰能抵擋得了？這個時期充滿著無盡的夢想、希望和驚奇。

幻想與現實

不過，等到從醫院把襁褓中無助的小娃兒接回家時，在無情的現實之光照射底下，夢想就稍微褪了色。寶寶一哭，有時持續好幾個小時，你要想辦法找出原因。小可愛白天睡得飽飽的，然後整個晚上開心笑鬧，讓嚴重失眠的父母飽受折磨。寶寶好像天生就有偵測器，知道什麼時候媽媽想吃東西，然後在這時也吵著要吃，打斷了媽媽的用餐。爸媽替寶寶剛換好衣服要出門，寶寶就吐個滿身。有時候小寶貝一個晚上要排便好幾次，或者遇到熱情的親戚抱過去，立刻嚎啕大哭。

從此養育幼兒成了一連串疑問、焦慮、無奈的轟炸，但也是愛與喜悅的泉源。隨著寶貝成長、發育、改變的過程中，生活裡充滿了無盡的困難抉擇，以及要試試才曉得結果的新構想。

我該怎麼教養孩子？

多數人的教養方法，是跟自己父母學的，要不然就是自己摸索嘗試，從錯誤中學習。你可能不喜歡自己小時候的撫養經歷，想要和自己的父母不一樣，或是看到其他人教養小孩的方式而直搖頭（評論別人的育兒方式，簡直已成大家共通的消遣）。不過自己該怎麼做呢？我不想太嚴厲，但唯一的替代方式就只能是放任嗎？我不想要過度掌控孩子，但如何讓一切有條理、有規律？另外，你可能還擔心萬一自己在教養上犯了錯，就會付出嚴重代價。

你心中有許多問題：小孩能打嗎？要是可以打，要從幾歲開始？要怎麼和還聽不懂人話的嬰兒溝通？不聽話的孩子要怎麼辦？不乖的孩子怎麼辦？哪些才是最重要的事情？要怎麼幫助孩子發展出自我價值感，同時教導他責任、誠實和善良的特質？我要怎麼照顧好自己，才能放鬆心情並享受育兒過程？

大家都想給你建議。內、外祖父母、叔伯舅丈、姨嬸姑嫂……就連在結帳時排在你後面的女士都有許多話說。但誰說的才是對的？就連所謂專家的意見都不一致。有一派提倡懲罰（甚至粗劣包裝成「邏輯後果」），另一派（包含本書作者和最新的大腦研究）認為懲罰效果不好。有人說獎勵很重要，也有人（含本書作者和許多研究學者）相信獎勵會教導小孩操縱他人，降低孩子的自我價值感，且無法帶來寶貴的社交和生活技能。我們以作者身兼父母的身分，期盼你在本書找到適用自己的答案。書中將提供線索，讓你運用智慧、創造力和對孩子的認識，進入那個用文字難以形容的境界。

本書的目標讀者是家長和嬰幼兒照護者，包含托兒中心教師、奶媽、保母和親戚。本書會提供居家和托兒情境的範例，說明如何將正向教養原則運用到小小孩的各個生活層面當中。①本書有許多關於發育資訊和研究，加上嬰幼兒成長及學習方式的相關資訊。要是負責照顧寶寶的大人們能對教養方式有共識，一定會有很大的幫助，因此建議你和托兒中心人員、保母或其他家人分享這本書。

每個家庭不一樣

所有的家庭都不一樣，正如所有的孩子都獨一無二。並不是所有的孩子都誕生在標準家庭：父母都在、家住近郊、有兩輛車和一隻寵物狗。你的家庭可能是這樣，也可能完全不同。你可能因離異、喪偶或未婚而成為單親父母；你可能和伴侶各自擁有前段關係中的孩子，再另加上共同生養的孩子來重組新家；你可能和爺爺奶奶或和其他親戚同住，或和朋友及朋友的孩子住在同個屋簷下；你可能屬於多元性別族群，或是特定族裔的一員而有該族重視的獨特傳統。無論如何，最重要的是建立親子的情感連結，並致力經營尊重人且有效的教養方式。

有人說，所謂家庭，指的就是彼此相愛的人所組成的圈子。**無論你的家庭形態為何，只要拿出勇氣來營造，它就會成為理想中的模樣**。只要運用智慧、耐心和愛，就能創造出

①如果在托兒方面有任何疑問，請參考簡・尼爾森（Jane Nelsen）、雪柔・埃爾溫（Cheryl Erwin）的《給托兒服務機構的正向教養》（暫譯）（Positive Discipline for Childcare Providers）（New York: Three Rivers Press, 2002）

一個家，讓你的孩子感到身心安全，能自由成長學習，並在這樣的環境中成為有責任感、懂得尊重且靈活應變的人。你也能在這樣的家庭裡找到為人父母的喜悅。

長期教養：你希望孩子得到什麼？

家裡多了個活潑好動的小朋友，你覺得自己簡直是在一輛高速奔馳的火車上，日子飛逝，天天充滿新驚奇、新發現，還有新危機。爸媽常要加緊腳步才能跟上子女的步調，有時根本沒時間來詳盡規劃。不過，請稍想一下：踏上這段育兒旅程之際，若能稍微瞭解目的地，是不是很有幫助呢？

其實，你現在能做一件事，亦即問自己一個極為重要的問題：你希望孩子擁有怎樣的未來？你的孩子成年那一天（雖然現在看起來好遙遠），你希望他具備那些品格和特質？你可能希望孩子能有責任、堅強、誠實、關懷他人、靠自己、有勇氣且懂得感恩，每個家長心中的期望可能不太相同。最重要的是，從他出生那一天開始，你為了要幫助他形塑出這種未來，你做出了什麼決定。你所採取的行動，不管是小孩伸手摸易碎品時打他的手、他在廚房扔食物你的回應方式、睡前他東要求西要求你怎麼辦……這些都可能增強或削弱你想要培養的特質。你的孩子不斷針對他自己、這個世界以及他如何追求歸屬感和意義，做出各種判斷。而他這些判斷的依據，就是他對自己生命經驗的解讀；而且他從這些判斷為起點，為他的生活建立出「藍圖」。你的行動和信念可能會深深影響到他的判斷結果。

這一點可能讓多數父母難以消受。你可能想：「要是我出錯怎麼辦？我要怎麼知道該怎麼做才對？」請放心，**錯誤並非無法克服的失敗，而是可以學習的寶貴經驗**（把錯誤視為學習機會，是正向教養的核心概念之一）。若你想讓孩子避免犯下任何錯誤，這樣只會妨礙他學習到韌性（恢復力），妨礙他培養能力感。你和孩子在過程中會犯下許多錯誤，但只要願意一起從中學習，便不必帶來無以挽救的傷害。你已具備最有價值的教養工具：對孩子的愛，和你內在的智慧及常理判斷。學著相信這些本能，可讓你在成功教養這條路上走得長長久久。

此外也別忘了，孩子，尤其是幼兒，會透過觀察和模仿身旁的人來學習。你的小朋友不只想要像媽媽、爸爸或奶奶那樣使用吸塵器或是洗碗，也會效法你的價值觀如誠實、善良和正義。你把錯誤化為學習機會時，孩子也會吸取這項可貴的態度。請用你身為父母的行動，讓孩子知道他們擁有愛與尊重，讓他們知道選擇會有後果（不是你由你強行灌輸，而是你能幫助他去探索的那種後果），還有，讓他們知道家是安全美好的所在。

以愛之名

我們常以愛之名，對孩子做許多事（或不做許多事）。父母會說：「我教訓孩子是因為愛他。」「我替他把事情做好，或過度保護他，是因為愛他。」「我愛他，所以不常幫他，讓他學會世界的殘酷現實。」「我之所以這麼嚴厲要求（如廁訓練、早期閱讀、體育活動或學歷成就），是因為我愛他。」「我一天到晚工作，是因為我愛孩子，希望他們擁有我過去缺乏的事物。」「我替孩子下決定，是因為我太愛他們了，不能冒險讓他們做出錯誤決策。」本書當中，你會看到許多以愛之名的行為所帶來的長期效果。

常有父母說，他們心中滿溢著對子女的愛，忍不住讓孩子做任何他想做的事、說想說的話，擁有他想要的東西，藉此展現自己的愛。小孩子十八個月大時，從你手中搶走手機拿去打遊戲，當下你可能覺得他很可愛。他如果模仿哥哥講的髒話，你可能還會笑出聲來。但如果他五歲時還做同樣的事，你還會覺得可愛嗎？

你愛不愛孩子，不是我們要問的問題。真正要考量的是，你在展現這份愛時，能否培養出孩子的責任心、能力感，並且鼓勵他完全發揮潛能，成為一個快樂的人，能貢獻於社會。多數家長最終會意識到，**真正的父愛和母愛，必須設下明智的界線，必要時要說不，且幫助孩子在這個與他人共處的世界中學習和平與尊重。**

堅定，有彈性，並且溫柔

想像一棵樹，樹根深深扎入土壤裡，而頂端纖細枝幹的末梢有座鳥巢，巢裡頭有嬌小脆弱的蛋。風吹拂時，樹枝輕柔擺動，但仍穩穩承載著小小的巢。

這個溫柔中不失彈性與堅定的意象，貼切說明了教養幼兒的任務，而這本書中提出的許多原則，便是以此為基礎。你的雙足（價值觀）穩定堅立，同時用溫柔而穩固的雙手以及和善的聲音指引著孩子。這不是件容易的任務，需要付出耐性、精力，並抱持著無盡的希望。

爸媽要照顧自己的感受：定義「我」和「我們」

你是誰？如果在答案中心增了「父母」這個身分，就代表你有很多新的角色和新的職責，也代表你現在既有的角色必須調整。一項研究發現，不少夫妻原本婚姻幸福，但在嬰兒出生後對婚姻的滿意度大幅下滑，為什麼呢？

父母必須要對生活滿意，自己很健康而且有足夠的休息（撫養孩子會使父母感到疲累，這是難免），才能好好面對孩子剛出生的幾個月或幾年的種種挑戰。如果你是單親家長，必須要一手包辦，那就更應該好好照顧自己。如果你有伴侶，切記你們之間的關係是家庭的基礎，好好投注心力來讓彼此感情堅定不移吧。

夫妻間很容易一頭栽入照顧幼兒，忽略了彼此間的感情。媽媽負責哺乳，另一半覺得被晾在一旁或是吃醋，又因為心中有這種感覺而產生罪惡感。其中一人想要溫存，配偶卻「沒力氣」做這件事。一人渴望出去吃頓晚餐、看電影，對方卻不信任保母，或是出門在外卻一直擔心小孩，每十五鐘就傳一次簡訊確認。至於房事呢？寶寶似乎有一種第六感，每次大人想要親熱一下，寶寶就會感應到，然後開始鬧肚子餓、弄溼尿布或是哭叫，讓父母興致全無，不得不停下來處理寶寶。

花時間珍惜伴侶和滿足個人需求，這不是自私，也不會讓你因此變成失職的父母。這反而是一種智慧。你如果沒有另一半，那麼你和其他成人往來也能讓你好好充電。你的孩子看見你做出的選擇，他將能學會尊重和重視他人的需求與感受。記得，每個

禮拜都要留下充裕時間來從事自己喜歡的活動，讓身心獲得滋養，不管是和鄰居喝茶談笑，或是和另一半晚上出外約會，或清晨散散步（也可以用後背袋或嬰兒車一起帶上小寶寶）。重新定義「我」和「我們」是一段持續演進的過程，不是光想想就能了結的事。家裡有了新改變，往往讓新生寶寶的哥哥姊姊感到難受，伴侶覺得遭冷落，帶小孩的人也因為少與其他成年人交流而感到孤單，這些都是典型的反應。有時候，其實最需要的就是好好表達出自己覺得很難受，這樣才能重新點燃愛、喜悅以及情感連結。也別忘了，心裡的感受能提醒你要照顧好自己和你所愛的人。正視自己和家人的情緒，能讓你更專注於解決當前問題，進而更加享受人生。

育兒夥伴

單親家長也能夠教養出健康快樂的孩子，請拿起一本《單親爸媽的正向教養手冊》（暫譯）（Positive Discipline for Single Parents）來瞭解詳情吧。如果你幸運擁有充滿愛的伴侶，那就好好發揮這個雙人育兒團隊的力量吧。只要善用育兒夥伴身上的資源和智慧，在教養上就能更加享受，更少受挫。爺爺奶奶、姨嬸叔伯都是無價的資源。你的孩子能從每個人身上得到收穫，產生永誌銘心的美好回憶。如果身邊沒有親朋好友，可以考慮尋求其他類型的支援。②

父母兩人可能對教養孩子的意見常有出入。一人要堅定，另一人要和善，而有時候各自走上極端。一個解決問題的絕佳辦法就是閱讀本書，或是一起上育兒班，學習兼顧溫和與堅定，並且合作無間養育孩子。③

請避免把照顧小孩的任務上貼標籤，也不要視為一人的職責，彷彿另一人只是從旁協助。你有沒聽過有人說「我老公正在幫我顧小孩」？奇怪，那不也是他的小孩嗎？或是「我不知道怎麼幫女兒洗澡（餵飯、換尿布等），那是她媽媽專門的！」**記得，多練習會更順手，不需完美，只要能進步，通常就夠用了**。過去的世代將養育後代（特別是嬰幼兒）視為女性的工作。時至今日，男性在育兒各方面參與度增加許多，使孩子也受惠。

有智慧的父母知道育兒需要團隊合作，如果能確實做到，真正受益的就是孩子。當然、父母、祖父母或其他照護者的風格都不盡相同。值得慶幸的是，這些差異對孩子有很大的幫助，因為他可以學習與不同的人相處。孩子經常會因為自己經歷過的不同教養方式而改變行為，尤其是男性、女性跟孩童的互動模式很不一樣。

觀察看看媽媽向小孩打招呼的方式：她可能會環抱寶寶，或是把寶寶貼在胸懷，在寶

寶柔軟的頭上熱情親吻。接著再來看爸爸如何和這些小傢伙打招呼：爸爸向寶寶說「嗨」時，會把他高舉到空中，保持著一個胳臂的距離，讓他興奮尖叫。他和小梅根打招呼時，常常先是在她的圓肚皮上玩吹氣，她樂支支大喊，爸爸也大笑。以上充滿活力和溫暖呵護的兩種互動方式，各有獨特的效益。

身體上的刺激對腦部發展有莫大助益，並且能鼓勵健康的冒險行為（警告：絕不能搖晃或是拋擲幼兒，或是讓他頭部失去支撐！也要切記，搔癢對幼兒來講可能其實很不舒服，雖然他會一直笑，但笑到最後會哭出來）。擁抱也能增強孩子的幸福及身心安全感。此外，研究也顯示，父親和寶寶玩的比較激烈，這樣能幫助寶寶學習自我意識（這樣好玩嗎？我累了嗎？我要怎麼讓他知道我不想玩了？）並開始把自身感受和需求傳達給身邊的大人。如果你多觀察小小孩，注意他的明示、暗示，就能判斷如何最能夠給他重要的歸屬感和情感連結，以及如何妥善應對他的需求。

②參見第二十一章有關建立支持社群的建議。
③如果伴侶沒空讀一整本書，不妨試試聽兩小時的課程音檔，簡．尼爾森主講的〈正向教養：出生到五歲〉（暫譯）（Positive Discipline: Birth to Five），請至www.positivediscipline.com 聆聽。

腹絞痛（colic）

有些嬰兒常會無故哭鬧、啼哭或尖叫，而且一次發作持續很久，尤其是在晚餐時間。要是寶寶很常哭叫，務必要帶去給醫師看，以確認健康沒問題。不過，醫師常常會說：「沒什麼大礙，只是腹絞痛。」知道小孩身體沒有危急問題，令人鬆一口氣，但沒辦法安撫孩子還是讓爸媽很心焦。

腹絞痛究竟是什麼？似乎沒有人知道。依照梅奧診療中心（The Mayo Clinic，www.mayoclinic.com）的說法，腹絞痛的症狀是嬰兒一天哭超過三次，但各方面都很健康且已飽足。有腹絞痛問題的寶寶情緒難以平復，且常把小小的雙腿縮起來，看起來像是在劇痛。要怎麼辦呢？首先，記得這只是一時的，也不要歸咎於任何人。盡可能維持冷靜，與寶寶保持緊密關係，同時搖搖嬰兒床、幫他拍嗝、抱他走一走，還有給小小孩奶嘴吸。也可環抱住他的小肚子（但不要過緊）。遺憾的是，這些方法無法長期有效。你可以請伴侶或是親戚來幫忙換班，幫助你度過這段煎熬的時期。

睡覺：「噓……寶寶睡著了！」

新手爸媽遇到的一大難題在於如何為幼兒建立規律的睡眠作息。多數嬰兒出生頭幾個月時，睡覺時間比清醒時間還要長。如果能讓小孩盡早學會獨自入睡，就能避免親子為就寢問題而爭執不下。也就是說，在寶寶快要睡著「之前」把他放入嬰兒床中。（我們知道，這不一定每次都能做到，因為小嬰兒常常吸個幾口奶後就睡著。但請努力嘗試，這樣能夠促進寶寶健康的睡眠作息。）

有些爸媽不敢把快要睡著或是已入睡的嬰兒平放下來，深怕會吵醒他們。但讓孩子醒來後稍微鬧一下再睡著也無妨。父母經常會攬起責任來盡力哄寶寶睡，再確保環境鴉雀無聲免得驚醒寶寶（緊張兮兮地壓低音量說：「噓！寶寶在睡覺啦！」），但接著若孩子的睡眠還是被打斷，爸媽便感到自責、挫敗或煩悶。

請盡可能及早建立良好的睡眠習慣。同時也請瞭解，嬰兒最開始一兩個月的作息往往難以預測（第十三章將更深入探討睡眠議題）。

哺乳

餵奶是照顧幼兒首先會遇到的一大關卡。並非所有的媽媽都能夠餵母乳，但無論選擇哪種方法來餵奶，都能與寶寶建立出堅實而富含愛的情感連結。不過還是有很多媽媽想要哺乳，或是覺得自己有這種義務，結果發現比期望中的來的困難。以下是珍恩哺育頭一胎的真實案例：

真希望我當初有更多的哺乳資訊，就不會自討苦吃，還讓小孩跟著受折磨。老大出生時，醫生大力鼓吹每四小時哺乳一次的嚴格時程，我想這些專家一定有他們的道理才這麼說。但寶寶常喝一下奶就睡著，然後下午睡一小時就醒來開始哭，這時我心想：「慘了！還要等三小時才能再餵一次。」接著我抱著他走來走去，想要安撫他，但他一直哭，哭到最後更是用尖叫的。我試過給他奶嘴和水，可能前幾分鐘有效，但他很快又開始發作。光是回想這一幕都讓我心有餘悸。

好不容易經過兩小時，我不滿四小時就「偷偷」餵他奶。他已經哭累了，喝個一兩分鐘就又睡著。我不敢違背醫囑，因此連思考都沒思考，只想著又要等四小時了。大約一小時過後，他又餓醒了，我們母子倆再度折騰兩個小時後，我又再「偷偷」餵食。

因為我缺乏哺乳方面的資訊，我以為要是沒有脹奶就不會有奶水，因為顏色不夠「乳白」，所以營養不夠豐富，而泰瑞會哭，是因為我奶水不足。但他會哭的真實原因是喝奶時間不夠長，因此無法攝取足夠營養，也因此無法刺激我分泌足量的奶水。三星期後我就放棄餵母乳了，讓他和後三胎的小孩都喝泡的奶。

第五胎麗莎誕生時，我又再度嘗試親自哺乳，原本又要失敗了，但我嫂嫂告訴我國際母乳協會（La Leche League，LLL，www.lalecheleague.org）的相關資訊。她說，沒有所謂的不良母乳，還叫我把所有配方奶的奶瓶和補給品都給扔了。只要寶寶想喝奶就餵，這樣就能提升奶水量。我讀了這本書後，就開始順利哺乳。

我喜歡依照孩子需求哺乳。有時麗莎每小時就要喝一次奶，或有時十五分鐘就要再喝！等到她三個月半，已經調整到白天每三小時喝一次，晚上也能整夜好眠，就連「墊墊胃」的穀粉都不需要了。

多數母親對哺乳、餵食、奶瓶和寶寶營養需求多少有些疑問。一個明智的作法是，立即開始建立支持及資源網路。許多醫院和月子中心駐有母乳專家，也有網站或二十四小時的電話熱線，可以隨時撥打提問。教會、托兒中心和小兒科也可能有新手媽媽互助團體的資訊，其他還有很多線上資源可供使用，都能幫你解惑、提升自信心，非常寶貴。記得，沒有什麼問題是「蠢」問題。找出最適合自己和嬰兒的方式，有需要時多多提問，並且相信自己的智慧判斷和對寶寶越來越深入的認識。

尋求所需的協助

所有父母都會有些問題和疑慮，所幸，現在已有很多家長課程。過去我們社會並不會質疑專業領域的培訓需求，例如砌磚師傅要培訓，會計師也要培訓。但不知為什麼，「育兒是天生該會的事」卻是根深蒂固的觀念，如果父母要去上教養課程或是閱讀育兒書，就等於是能力不足。

現在，許多父母們都會閱讀相關書籍，用社群媒體與他人連繫並參與育兒工作坊，並說這些可以讓他們更能盡情享受教養孩子的重要使命，孩子也更能夠學會自律、責任、合作和解決問題的技能。其實，光是知道有其他人和你關注同樣的事，就能減少自己的孤立感，而且這樣犯錯時也能知道如何改正，同時並讓孩子學習到：錯誤就是用來學習的良機。（要常把這個心法掛在嘴邊喔！）

用「心」教養

育兒團體和書籍都很有用，可以學到新技巧、新構想，而且提供你精神支持。不過，到頭來，教養講究的不僅是訓練與知識，還要用心付出真情意。在一切育兒技巧中，最重要的是要去感受到親子之間那種充滿愛、疼惜而難以割捨的牽絆，並在耐心快要用完的時候，還能夠聆聽愛與智慧之聲。下次夜深了，你為孩子蓋被時，好好凝視他的睡臉，烙印在你的腦海中。要是小嬰兒歇斯底里、幼兒老愛和你作對，或是孩童鬧脾氣，這時請閉上雙眼，在記憶中搜索孩子安睡的模樣，接著讓那份愛與柔情賦予你智慧來應對眼前的危機。

最佳的教養方式，可以將愛從言語轉化成有效的行動。羅伯特・繆斯克（Robert Munsch）的知名童書《永遠愛你》（Love You Forever）當中，母親看著嬰兒入睡，哼唱著：「我永遠愛你，我永遠疼你，在媽媽的心裡，你是我永遠的寶貝。」隨著孩子長大，變成頑皮的小朋友或青澀的青少年，母親還是在夜晚時悄悄進入兒子房裡，邊看著他睡，邊唱著這首歌謠。

直到有一天，母親虛弱垂死，兒子坐在她的床邊唱起這首懷舊的曲子。當他回到自己的家庭，也把這首歌和裡頭愛的牽絆傳給出生不久的小女兒。那種父母對沉睡孩子難以言表的柔情感懷，正是育兒的核心。

本書後續章節還有很多資訊、秘訣及技巧，但先記得，**但最重要的是父母和子女之間的關係**。如果彼此間的關係能夠奠基於無條件的愛與信任，孩子從小就知道你無論無何都愛他，那麼一切都會很圓滿。

想想看

1.寫出你認為成人最需要的特質、技能和性格特質，邀請伴侶或其他育兒夥伴一起列出這份清單。哪些特徵是你覺得自己已具備的？你要如何學習、加強你缺乏的特質？要怎麼將這些特質教導給孩子？

2.列出能讓你歡笑、感到喜悅或讓你維持健康的事物。每天從中挑選至少一項來盡力達成。

3.如果你和伴侶一起育兒，請下定決心，每週花些時間增進彼此感情吧。你們要怎麼運用時間？要怎麼在學習共同育兒時，也維繫好兩人間的感情？如果你是獨自一人扶養孩子，想想要怎麼為自己建立能帶來支持力量的交際網。

第二章

選擇最適合你家的正向教養核心理念

嬰兒剛出生數週或數月，你優先考量的事項裡頭可能沒有教養這一項。父母通常專心迎接孩子的誕生，努力培養感情，瞭解寶寶哭鬧的原因和滿足其需求。然而，不知不覺間，抱在懷中的小不點轉眼就成了有自己想法的幼童。你要怎麼形塑和指引他的行為呢？他需要從你和其他照護者身上獲取什麼，才能成為有能力、懂得應變且有自信的小朋友？

有個卡通中的一幕當中，母親告訴孩子：「寶貝，你長大時，我希望你堅定、有自信、獨立。但現在我要你安靜、聽話、服從。」多數父母都有這種感觸：**我們希望孩子長大時具備的特質，如果**

是出現在小時候，會讓人特別辛苦。

簡單來說，教養指的就是「教導」。正向教養是最富含愛的教導方式，包含培養信任感和建立情感連結、傳授技能，並且給予孩子一個能發展出能力感和自信心的環境。這種教養方式自幼就很重要，且在孩子一路朝向自主、主動的過程中更是不可或缺。幼兒的行為表面上可能不太討喜，而且足以讓最努力的父母感到困惑及難以置信。

就算你理解且接受孩子的這些行為算是「符合他現在的發育階段」，但如果出現「不容許」的行為該如何是好？正向教養會提供有效且不施加懲罰的工具和技巧，在孩子成長歷程中引導他的行為。

阿德勒與德瑞克斯：教養先驅

正向教養的概念根源於阿德勒（Alfred Adler）及其同事德瑞克斯（Rudolf Dreikurs）的研究理念。阿德勒是與佛洛伊德（Sigmund Freud）同時期的維也納心理學家，但兩人的想法非常不同。阿德勒認為人類行為是由對於歸屬感（情感連結）和價值感的渴求所驅使，這種渴求受到我們從小對人、對自己和周遭世界所產生的認定看法影響。他認為想要貢獻自我的渴望（gemeinschaftsgefühl，社會情懷）是衡量心理健康的一項指標，因此可以多多鼓勵孩子當小小幫手。

研究告訴我們，兒童打從出生那一刻起，就已「在腦中印刻好」會尋求與他人的聯繫。孩子若感到自己與家庭、學校和社群的連結，能夠減少不當行為。所有正向教養方法都是要幫助孩子獲得這種人與人之間的情感連結、能力及貢獻感。

德瑞克斯也是維也納的心理學家，在二次世界大戰前遷居至美國，並在阿德勒於一九三七年逝世後繼續宣揚他的理念。阿德勒和德瑞克斯戮力提倡在所有人際關係中都需要尊嚴及互相敬重。他們針對教學和育兒所撰的書籍至今仍廣為流傳，像是經典著作《孩子的挑戰：不動怒，不當孩子的奴隸，一樣教出好小孩》（Children: The Challenge）。能透過正向教養叢書延續他們的使命，是我們至大的榮幸。

教養是什麼？

很多人難以理解，對於嬰幼兒來說「教養／管教」到底是什麼。許多人至今所說的「管教」，其實是指「懲罰」，因為他們覺得這兩件事情毫無差別。不過，真正的教養是一種「教導」，這個字源自於拉丁字根 disciplina，意指「教導或是學習」。正向教養的基礎，正是教導、理解、鼓勵和溝通，並不是懲罰。懲罰的目的是要孩子為所做之事「付出代價」，而教養的用意在於讓他們從自己的作為中學習。

孩子在年幼時所做的事，往往與情緒上、生理上和認知上的發展以及適齡行為較有關聯，而非「不當行為」。嬰幼兒需要非懲罰性的教養（教導和指引）來加強發展並強化連結感。嬰幼兒不需要責怪、羞愧或痛苦。

教養孩子的時候，重點在於「你自己採取何種作法」，是否溫和且堅定地加以落實，而不是你期待孩子會做哪些事。尊重且有效的教養方式永不嫌早。正向教養的各項原則將幫助你與孩子建立出愛與尊重的親子關係，讓你們未來可以共同相處，一起解決問題。

不打不成器：為何有些父母一定要懲罰

多數人對教養的看法是源自自己的父母、社會和文化的潛移默化，以及多年的傳統慣習。許多人認為孩子必須吃點苦，否則就學不到東西。但過去幾十年來，社會起了很大的改變，例如我們對兒童成長與學習的認知已不同於過往。因此，我們想讓孩子變得有能力、學會負責任並擁有自信，則教導方式也要有所轉變。懲罰在短期內可能會奏效，但長久只會導致叛逆和抗拒，而且小孩子會停止相信自己的價值和能力，可見懲罰絕對不是最好的方式。這本書就是要幫助家長和教師發掘更佳作法。所有的小孩（和成人）都是獨一無二的個體，因此要解決不同問題，通常都有好幾種不同的非懲罰性方法（只是父母比較難瞭解或接受）。確實，如果要實行正向教養，就必須改動根本體制，也就是完全顛覆過去對管教的看法。習慣懲罰小孩的父母常問錯問題，他們想知道的是：

- 我要怎麼讓小孩做我叫他做的事？
- 我要怎麼讓小孩明白「不可以」？
- 我要怎樣讓小孩好好聽我說？
- 我要怎麼讓問題消失不見？

身心俱疲的家長難免會想得到這些答案，但以上問題只顧及短期效果。如果父母可以改問以下問題，而且理解到這樣將為自己和子女帶來更好的成果，則父母們就會急著想知道有哪些方式可以替代懲罰：

- 我要怎麼幫助孩子學習尊重、合作和解決問題的技能？
- 我要怎麼幫助孩子獲得能力感？
- 我要怎麼幫助孩子感到歸屬感和意義？
- 我要怎麼進入孩子的世界，瞭解他的發展過程？
- 我要怎麼把問題當作是我和孩子的學習機會？

這些問題讓我們把眼光放遠。我們發現，只要家長能找出長期問題的答案，短期問題也就能自我化解。若孩子親自參與過解決問題的過程，就會願意配合（或至少多數時間會願意）；兒童心智發育完備時，就能夠理解「不行」的意思；家長傾聽孩子心聲，並且以吸引人的方式來解說，孩子就會聽進去。只要父母使用溫和且堅定的指引方式，等孩子大到能一同設下限制和著眼於尋找解決辦法，問題就更能迎刃而解。正向教養的要素包含：

- **相互尊重**。父母透過自重及重視當下情況的需求，以此來展現堅定；父母透過尊重孩子的需求和本性，以此來展現溫和。
- **理解行為背後的信念**。所有的人類行為背後都有原因。孩子自從出生起，就開始產生信念，這些信念會形塑他們的個性。理解孩子行為背後的信念，更能夠有效改變孩子的行為。要是孩子不到三歲，你還需要理解他發育時期的能力和需求。

- **瞭解孩童發展及適齡的表現**。家長務必有這個概念，才不會期待超乎孩子能力和理解力的行為。
- **有效溝通**。親子之間（就算孩子還很小）可以學習用心聆聽，並使用尊重的言詞來提出所需。
- **富含教導意義的管教方式**。有效的管教方式能教導寶貴的技能和態度，既不放任也不責罰。很多人都發現，這是為了讓孩子了順利度過人生歷程、傳授必要社會及生活技能給他們的最佳方法。
- **專注於解決辦法，而非懲罰**。指責從來都解決不了問題。一開始，必須由你來決定要如何應對挑戰和問題。等小小孩成長及發育得更成熟時，你們就可以一同找出尊重且有效的方式來克服挑戰，像是潑灑出蘋果汁或是睡前的折騰。
- **鼓勵**。鼓勵注重的是努力和改進，而不只是成功本身。鼓勵能培養長期的自我價值感和自信心。鼓勵是很重要的正向教養原則，第十一章會深入討論。
- **孩子要「感覺」良好才能夠「表現」良好**。大人誤認為要讓孩子感到羞愧、受辱

或甚至痛苦，才能「讓他們乖」。這種想法太錯誤了。孩子要受到鼓勵，要感到與人之間的情感連結以及受到疼愛，才更願意合作，更願意學習新技能和表現出對人的好感和敬重。

請避免這些管教方式

如果你現在還在對小孩尖叫、怒吼或說教，請趕緊停止；如果你還在打小孩屁股或手心，請趕緊就此打住；如果你還是用威脅、警告、討好或訓話的方式來讓小孩乖乖配合，請統統都就此打住吧！這些方法並不尊重人，只會使孩子在當下和未來感到懷疑、羞愧和罪惡感。到頭來，懲罰將造就更多不當行為。（懲罰的長期負面效果已在諸多研究中表明，但這些研究往往深埋於學術期刊中，少有家長能接觸到。）

讀到此處你可能會想：「等等，我父母用這些方法明明有效啊。你這樣等於剝奪我能用來管理孩子的工具了。難道你要我放縱小孩為所欲為嗎？」不是的，我們並非提倡消極放任。放任不是尊重，且放任無法教導孩子與人產生情感連結、感到自己有能力且對他人有貢獻。**真正的教養是引發、教導和促進**

健全的行為。你可能也已經發現，我們只能控制自己的行為，沒辦法控制別人。意圖「控制」小孩，只會製造出更多問題，並且加劇親子間的權力爭奪。本書後續會提供能促進合作的方法（要搭配堅定並能好好連結情感的態度），同時鼓勵小朋友發展出適度的自主感和主動性。

父母只要認清「威迫環境無法產生正向學習」的觀念，就更能與家裡那個活潑好動的孩子共處。各大兒童發展研究中心一致指出，如果孩童感到恐懼、心靈受傷或憤怒時，便無法學習健全的態度和生活技能。孩子受到威脅時，會進入「戰或逃」模式，因為你的大腦中有鏡像神經元（即「有樣學樣」神經元，詳見第三章），你也會跟著他們起舞！

令人難過的是，孩子常因為失去歸屬感或情感連結而出現「不當行為」。孩子會有不當行為，是因為這樣很「有效」——能重新獲得父母的關注（雖是負面的關注方式）。孩子們並不是要「裝模作樣」來贏得注意，他們尋求的是真實、安全、穩固的「情感連結」。只要孩子知道他和你之間有穩固的連結，不當行為便會降低。

我女兒很任性

問：我和老公試過很多懲罰的手段，但我們十六個月大的女兒還是為所欲為。我們說過「不可以」、用過積極暫停處置、打過她的手心、吼過叫過，但對她都沒用。她鬧脾氣還是很厲害。我覺得我們什麼方法都試遍了。我反對打小孩屁股，所以退而求其之改打她手心，但還是沒效。我老公覺得應該還是要打屁股，她才知道自己犯錯、下不為例。您怎麼看呢？

答：許多不懂孩子發育過程的父母都有這種挫敗感。無論是哪種形式的懲罰，都可能產生所謂懲罰帶來的 4R 後果：

1. 憎恨（Resentment）
2. 叛逆（Rebellion）
3. 報復（Revenge）
4. 退縮（Retreat）：偷偷摸摸（下次不要被逮到就好，）或削弱自尊（我很差勁）。

你覺得小孩這樣的反應很熟悉嗎？腦部研究顯示，懲罰會阻礙大腦的最佳發展，因此你用的懲罰方式無效，這也不意外。切記，你還沒有達到「什麼方法都試遍了」的地步。本書會讓大家瞭解還有哪些替代辦法，以及為何懲罰的效果不彰。

孩子們真正的需求

「慾望」和「需求」差別可大了。寶寶的需求比想像中來的單純，他所有真切的需求都應該要獲得滿足。然而，如果你想滿足他所有的慾望，只會為你和孩子帶來更多麻煩。

舉例來說，孩子需要食物、居所和情感依附，需要溫暖的環境及人身保障，需要知道自己有能力、有用處。但他不需要平板電腦、房裡加裝電視機、駕駛大腳卡車，或是有座虹彩嬰兒車，還內建DVD播放器和震動座椅。他可能三個月大時就喜歡盯著電視螢幕看，但專家告訴我們，這個年齡不管看多久螢幕，都會減損最佳腦部發展。他可能想睡你的床，但如果你讓他習慣自己的床，就能發展出自我信任和能力感。

小孩可能喜歡薯條和甜食，但如果你給他新鮮蘋果切片，你滿足的是他營養上的需求，而不是他比較不健康的慾望。要是你給了不健康的食物來滿足孩子慾望，恐怕是埋下幼年（以及成年）肥胖的肇因，未來也容易爆發親子權力抗爭，並且寵出覺得一切都是自己應得的小孩。這麼說應該就能抓到我的意思了吧。

你家的小小孩誕生後，會有四個基本需求：

1. 歸屬感（情感連結）

2. 個人力量及自主感（能力）
3. 社交及生活技能（貢獻）
4. 溫和且堅定，並富含「教導」意義的教養方式（顧及尊嚴和尊重）

如果能滿足孩子這些需求，就能讓他預備好，朝著能勝任任務、懂得應變且快樂的個性發展。

情感連結的重要性

你可能心想：「喔，誰不知道寶寶需要歸屬感。」不過，多數家長把歸屬感想得太簡單了，以為這就是小孩需要愛。但單憑愛，不見得能創造出歸屬或能力感。其實，因為愛，有時會讓家長哄孩子、懲罰孩子，或是做出不符合小孩長期利益的決策。

自認沒有歸屬的孩子會很氣餒，氣餒的孩子常有不當行為。請注意「自認」這個詞。你「確知」孩子有所歸屬，但要是他自己並沒有這麼想（例如家有新生兒、他被趕回房間且不准吃晚餐、他和爸媽沒有足夠的相處時間等），他可能會用其他的偏差方式來奪回歸

屬感。其實，多數幼兒的不當行為（指的就是非因發育階段造成的行為）是一種「密碼」，要讓你知道他們沒有感受到歸屬感，需要你關心他，加強彼此的情感連結，多些相處和教導的時間。

專家把這種深層的無條件歸屬感及情感連結稱為「依附」，這對兒童的健全發展極為關鍵。如果能為每個家庭成員創造出歸屬感和意義，你的家就能成為祥和、有尊重、安全的地方。

個人力量和自主性

孩子的早期發展挑戰，包含自主感、主動性（詳見第八章）。連最稚嫩的孩子也有個人力量，並且很快就學會如何發揮（雖然爸媽可能不喜歡這樣）。要是你不信，可以想想一個兩歲小孩抬起下巴、交疊胖嘟嘟的手臂，果敢說道：「不要！我不要！」

我們時不時聽見家長抱怨說，家裡那個「意志頑強」的孩子和爸媽展開了權力鬥爭（我們聽了不免納悶，難道這些父母希望自己孩子意志薄弱嗎？）。這些孩子不守規範、不聽人話，或是大鬧彆扭。這種行為有大部份是幼孩時期的典型表現，隨著他們不斷探索、不斷嘗試以求發掘自己是誰、能做什麼事而陸續出現。但是，這些權力鬥爭的本質卻真的是在角逐權力，因為爸媽做的是剝奪小孩的權力，而不是引導他們把天生力量發展到實用的方向。

父母的職責是幫助小朋友學習採用正面的管道來發揮力量，用溫和且堅定的方式來轉移孩子的注意力並重新導向，直到他年紀大到可以幫忙父母解決問題、學習生活技能、尊重他人、與他人合作。懲罰無法帶來這些重要的教導，但有效且富含愛的教養卻可以。

社交及生活技能

教導小朋友技能，像是與其他小孩及大人相處、自己入睡、自己吃東西和穿好衣服，將是育兒初幾年最花時間的訓練。但這些社交及實用生活技能卻能伴隨孩子一輩子。事實上，真正的自我價值不是來自他人的愛、讚美或是豐富的物質，而是具備「技能」，從而獲得能力感；而是有足夠的韌性來應對人生的起伏與得失。如果你的孩子能感到自己有能力、能達成任務，他將更有機會貢獻一己之力給家庭和社會中的其他成員。

小孩年幼時，喜歡模仿父母、祖父母及其他照護者。你家的小朋友也想要用用吸塵器、擠擠浴室清潔器的瓶罐和煮早餐。隨著小不點的能力提升，你可以利用這些共度的日常時光來教導他如何成為有辦事能力、有自信的人。一起動手學習技巧有時可能搞得一團亂，但也是撫養小孩的珍貴、有趣之處。

想想看

1. 對你來說，「溫和」是什麼？列出你覺得算是溫和的行為，或是回想你看過能展現出溫和特質的舉動。

2. 對你來說，「堅定」是什麼？列出你覺得算是堅定的行為，或是回想你看過能展現出堅定特質的舉動。

3. 接著把兩個概念合起來。要如何將你清單上溫和的行為，添加堅定的特質？如何讓你清單中堅定的行為，也表現出溫和的特質？

4. 想想看，你和自己孩子（或你負責照顧的孩子）共同的活動中，能做什麼既溫和又堅定的事？溫和且堅定能對你們之間的關係帶來什麼改變？

第三章 幫助孩子學習：神奇的大腦

馬汀和羅莎莉夫妻希望能給寶寶最好的。他們每天花半小時以上的時間和還在媽媽肚子裡的寶寶說話，把耳機貼在媽媽的肚子上，讓寶寶學習欣賞音樂。嬰兒房裡頭所有加速學習歷程的設備一應俱全，搖籃上方有特製的吊飾舞動著，不斷播著音樂。兩夫妻花了不少錢購入「教育」叢書、影音光碟和玩具，甚至買了能擺置iPad的嬰兒揹帶，以及各式各樣的高級教育應用程式。夫妻倆看見寶寶目不轉睛看著繽紛影像時，感到很高興，他們希望能把人生的所有機會都給心肝寶貝。但這是達成目標的最好方式嗎？

傑夫和卡蘿熱切地想教導兒子，但他們選了另一種作法。他們花好幾個小時對著十個月大的兒子講話、歌唱還有和他玩耍。他們望著兒子的雙眼，常和他說話，回應他的啼哭和手勢，鼓勵他探索外界。寶寶在他五彩繽紛的玩具堆中爬行時，傑夫或卡蘿其中一人會在附近陪著他；寶寶把玩具遞給父母時，父母也會開心燦笑，並享受著每個新發現。夜晚時，爸爸或媽媽常常讓寶寶趴在自己的膝上，用不同的聲音扮相念故事給他聽，而他會用胖嘟嘟的手指指著書上的圖片，讓爸媽笑得很開心。夫妻倆全心和寶寶培養出深厚而充滿愛的情感，希望為他鋪設出終身健全學習和發展的道路。這種方法會奏效嗎？

許多父母親就像上面兩對夫妻一樣疼愛孩子，全心全意要讓孩子有個好的開始，幫助他們在學校、人際關係和整個人生中取得成功。但是過去我們並沒有辦法知道真正有效的方法是什麼。孩子是如何學習的？有辦法能讓他們更成功、完全發揮潛力？提早讓孩子學習，這樣好不好？所謂「成功」究竟是什麼？年幼的孩子需要學術能力還是社交技能？或是兩者都重要？

活潑且不斷成長的大腦

以往專家相信小嬰兒的大腦大略已「完成」，接下來只需輸入必要的資訊，讓孩子的大腦吸收。現在我們對大腦、心智的理解更深，也更知道嬰幼兒如何瞭解他們周遭的世界。

透過腦部掃描，學者得以探測大腦的內部，觀察其結構，並探索大腦如何運用能量、血流和「神經傳導物質」來思考、感知及學習。這些研究了有豐碩的成果，因此現在的父母和照護者更應該瞭解嬰兒的早期發展。

人腦發展之初，是胚胎中的一小群細胞。母親懷孕四週時，這些細胞開始根據未來將負責的功能分化，「遷移」至將來要駐守的腦區。胚胎會產生多餘的細胞量，因為有些細胞遷移後無法存活，而存活下來的細胞會形成相互連結的網路，稱為突觸。

孩童的各種經歷，還有兒童與他人的關係，會刺激、型塑大腦，也會搭建成為神經網路，以供孩子一輩子所需。孩子兩歲時，大腦的突觸數量已等同成人的突觸量，三歲時孩子的連結數已達一千兆，兩倍於父母（或其他照護者）所擁有的連結數！大約十歲時，小孩的大腦開始修剪「多餘」（使用率不高）的突觸。到了青少年時期會出現第二波的精修和成長。無論是在兒童或青少年時期，人腦都是「施工中」。負責判斷、情緒調節、抑制衝動和其他受肯定的「成人」特質，都是由前額葉掌管，要到二十歲左右才會成熟呢！

丹尼爾・席格（Daniel Siegel）和蒂娜・布萊森（Tina Payne Bryson）在《教孩子跟情緒做朋友》（The Whole-Brain Child）一書中寫道：

我們所經歷的一切事物都會影響大腦發展，這個建造迴路和重建迴路的過程就是所謂的整合：要給孩子各式經驗，來創造不同腦區之間的連結。這些區域協作時，就能建造並加強連通各腦區的整合式纖維，使接通方式更堅實，合作流程更順暢協調。

過去的認知已被推翻。事實是，大腦會不斷成長，且不會失去形成新突觸和連結的能力。隨著年齡增長，改變確實比較困難，但在態度、行為和人際關係各方面的改變，是任何年紀都可能發生的。

然而，孩子的前三年特別重要。孩子對於自我（我是否受人疼愛？我有能力還是無能？）和周遭世界（安全或危險？外界鼓勵還是挫敗我？）的學習和決策會深深印入大腦。小孩以聽覺、視覺、味覺和觸覺來感知外在世界，而這些感官體驗到的世界會讓大腦創造新連結，也改變既有連結。嬰兒並非大家過去所以為的一張白紙。事實上，嬰幼兒會思考、觀察和做推斷。他們會衡量證據、下結論、做實驗、解決問題，並且找尋真相。①

①引自愛麗森・賈布尼克（Alison Gopnik）、安德魯・梅哲夫（Andrew Meltzoff）及派翠西亞・庫兒（Patricia Kuhl）所著的《搖籃裡的科學家：認識嬰幼兒早期的學習歷程》。

雖然大腦靈活性極為驚人，能夠適應改變或損傷，但幼兒早期的重要學習（如視覺、語言發展）有限時的黃金期，若錯過黃金期，兒童學習的難度會增加。大腦也有某些功能是「用進廢退」。至於社交技巧等功能，則是一直到成年初期都能持續下去。家長或照顧者不但形塑出孩子的世界，同時也形塑著孩子發育中的大腦。

先天或後天？

各種書籍、雜誌和研究期刊隨處可見人類基因的新研究，並強調基因對我們的生活方式、我們會成為怎麼樣的人都很重要。研究學者更認為，基因對性情、個性的影響力比過去想像的更深遠。證據顯示，基因會影響各項人格特質，譬如樂觀、憂鬱、侵略性，或甚至一個人是否愛好追求刺激。這對一些父母見怪不怪，因為他們常常必須把爬上牆壁、遊樂攀爬架和樹木高處的大膽孩子給抓下來！這也令父母懷疑，自己對成長中的孩子到底能有多大影響。要是基因的作用真的這麼強大，如何教養孩子有差別嗎？

答案是，差別可大了。雖然小孩會透過基因遺傳特定的人格特質和傾向，但這些特質的後續展現方式，取決於他和周遭世界的互動（腦科學家把這些早期反應和決策稱為「適應」）。你的小孩來到這個星球時，有著他獨特的性情，但你（或其他照護者）與他互動的方式，將會影響他成為怎樣的人（更多有關氣質的討論見第十章）。教育心理學家珍恩・希利（Jane M. Healy）是這麼說的：「大腦型塑著行為，行為也形塑著大腦。」

所以，先天還是後天已經不是問題了。孩子的天生特質與能力，與所處環境之間有緊密而複雜的交織，兩者都會影響他成為怎樣的人。更重要的是你的小孩「認定」自己是怎樣的人，以及他對世界能有什麼期待。父母自己就是脆弱而不完美，但要負責塑造孩子所處的環境。關鍵的是，孩子有沒有與充滿關愛、善於回應的父母之間建立連結（尤其是在誕生之後的前幾年）。你會影響到寶寶大腦的結構和印刻腦部迴路的方式，因此你影響著他會成為怎樣的人，擁有什麼樣的未來。

「更棒」的寶寶

你可能想知道，提早給予寶寶「學術」的教育，到底有沒有用，就像本章開頭馬汀和羅莎莉這對夫妻的例子。畢竟，如果寶寶生命的前幾年，大腦都還在發育，那麼豈不是應該提供他越多資訊越好嗎？其實許多研究學者相信，要奠定良好的學習基礎，傳統的方式最好，也就是讓小孩親自體驗，探索世界。或許這點令許多父母感到驚訝。

沒有人可以篤定地說要多少教學和刺激對幼兒來說才「足夠」，該注重的是時機。學者甚至認為，太快逼著孩子接觸學術技能，吸收一些他們還無法處理的概念，其實對小孩有害。要是大腦尚未準備好學習抽象概念（如數學），此時建造出的連結效率反倒不好，而且這些效率較低的管道會固定下來，成為孩子腦中的「印刻」。從小觀看螢幕，像是馬汀和羅莎莉鼓勵女兒多接觸 iPad，這點實在堪憂，因為我們還不知道這對發展中的大腦迴路會有什麼影響，更何況是吸收的內容不見得符合發育階段。學界也越來越多人擔憂螢幕所造成的潛在成癮問題。

過早強調學術表現也會造成情緒上的影響。孩童不停的在判斷他們自己及所處的環境。即使父母或照護者關愛有加，要是小孩無法精熟大人所教導的概念，便會開始認定「我不夠聰明」。這種信念會干擾最佳發展。

然而，腦部發展有些確定的因素。每個大腦都不一樣，因此無法判定出哪些方法對所有小孩來說是對或錯的。不過，許多學者都認為快步調的現代文化（和一些宣稱有教育意義的遊戲和科技）可能影響小孩未來在專注、認真聆聽及學習方面的能力。

史丹利・葛林斯班（Stanley I. Greenspan）等專家特別重視

要觀察小孩發出的訊息和跡象，其中最重要的就是與情緒相關的訊息。寶寶在一歲之內就有能力把「感受」與「溝通」加以連結（像是本章一開頭傑夫和卡蘿夫妻與寶寶的互動），所以早期腦部發展的一大重點在於鼓勵培育真實的人際關係（詳見第六章）。

「與他人連結的內建天性」是孩子的真正需求

嬰幼兒在與人之間的關係中，最能夠好好學習。而依照每個人所體驗到的人際關係品質好不好、這段關係的特性等等，大腦也會隨之改變它的結構與功能（大腦並不會依據它獲取的事實、數字或學術資訊而改變其結構與功能）。**孩子前三年最需要學習的東西，並不在識字卡或電子螢幕上。所謂的大腦發育，其實就是與他人的情感連結，而且孩子自出生那刻起，大腦就自然而然會去尋求連結。你與孩子之間的關聯，像是你們說話、玩耍和你呵護小孩的方式，是嬰幼兒發育最重要的因素。**瑪格達．格伯（Magda Gerber）把嬰兒的照護者稱為「教護者」（educarer），她甚至主張餵食、如廁和打理幼兒生活的每日任務，是育兒前幾年或前幾個月中的真正核心部份。發育中的大腦所需的重大牽絆感和連結，就是來自於這些重複的活動。

加州大學心理學家羅斯．湯普森（Ross A. Thompson）指出，幼兒要有最佳學習成效，就要處於「沒有過大壓力、且有合理刺激」的環境當中。他認為，影片或其他學術學習工具的刺激並不是必要的（所以，馬汀和羅莎莉這對夫妻的方法錯了）。為了孩子真正的成長和發展，需要有關愛的大人給予他們充裕的陪伴；大人要專心與孩子相處，留意孩子發出的訊號，不受打擾也不要有太多期待（傑夫和卡蘿夫婦做得好）。記得，家長和其他照護者都能夠提供這種以孩子為中心的互動方式，不過這不表示要讓孩子在家稱霸。

神奇的鏡像神經元

你有沒有想過，寶寶怎麼學會拍手、揮手說掰掰或是擊掌？學者指出，人腦中存在著「鏡像神經元」，能夠感知肢體動作、臉部表情和情緒，好讓大腦複製其所「見」。你在和寶寶玩捣臉躲貓貓時，他的鏡像神經元讓他知道要如何模仿你的動作。同理，你生氣、表現出興奮或焦躁的模樣時，他的鏡像神經元能「捕捉」你的情緒，並在心中產生同樣的感受。鏡像神經元解釋了我們為什麼很容易就會哭、笑或是對彼此發怒，也解釋了為何父母身教重於言教。而且，鏡像神經元的作用是雙向的，如果你用冷靜的態度教養孩子，他也較可能會冷靜。發脾氣時（或許難以避免），記住這點很有用！

情感依附的重要性

要是你和孩子有良好的情感連結，你能辨識及回應他的信號，提供愛與歸屬感，並讓小小孩發展出信任和安全感，你就能幫助孩子發展出所謂的「安全型依附」。德瑞克斯認為這是高度的「歸屬感」。擁有安全型依附的孩子能和自己及他人有良好的連結，最可能發展出健全、均衡的關係。他們在父母所期盼的社交、情緒及智能技巧方面，成就也遙遙領先其他依附類型。值得注意的是，瑪莉．緬恩（Mary Main）等學者發現，父母本身在成長歷程中對原生家庭的依附程度，最能反映出孩子的依附感。②你對自己過去經歷的認知和理解方式，會直接影響你的孩子。③

②愛利克．艾瑞克森（Erik Erikson）發現，嬰兒在首年信任感的發展，與母親自我信任感直接相關。

③情感依附不在本書的主題內，你現在只需明白：自己未擁有的，便無法提供給孩子。你若能瞭解、解決自己的難關、挑戰和情緒問題，就可改變你與孩子的互動方式，這也可能是爸媽能給孩子的最佳禮物之一。請參考《不是孩子不乖，是父母不懂》（Parenting from the Inside Out）。

現在你只須知道，你能給孩子最重要的東西，就是你與他之間的穩固關係。就算小朋友的行為帶給你很大的挑戰，還是要用愛、信任和無條件的接納來建立這段關係。本書提供你許多實用方法來引導你孩子的行為，但真誠的情感連結是無可替代的。

健康的依附關係有什麼長期益處

一項研究從受試者的嬰兒時期追蹤到成人階段，結果發現，健康的依附關係最能夠預測出許多重要的特質。擁有健康依附關係的孩童能夠：

- 更有學習動力
- 學校表現良好
- 更有自信和自我價值感
- 發展出優秀的問題解決能力
- 形成健康的人際關係
- 更能信靠自己
- 妥善處理壓力和挫敗感

出自《出生前幾年很重要》（暫譯）（Early Moments Matter），請參見 www.pbs.org/thisemotionallife。

如何培育孩子發展中的大腦

幼兒靈活的大腦能夠適應各種環境和狀況。他人生前幾年所學到的，將決定他的大腦要保留哪些突觸，要淘汰哪些突觸。要是孩童早年受虐待、被疏忽，可能會損害「信任他人」以及「與人產生情感連結」的能力。另一方面，若有健康而快樂的孩童，就能在大腦中培養出有助於他們成功的特質及感知。

現在許多專家給的建議，其實就是自古以來明智的家長憑著直覺一直在採取的教養作為。若你能理解這些育幼方法有多重要，就能有意識地去實踐，並能提供孩子最需要的事物。家長應該要懂些什麼呢？要怎麼做才能讓孩子擁有健全的大腦和人生呢？

回應寶寶透露出的訊息

寶寶哭泣時給予回應，例如提供食物、換新尿布或是陪伴，對於學習信任而言很重要，也可說是最重要的幼年課題。父母見到嬰兒踢腿和揮拳的動作，可以加以回應；寶寶想要尋求外界刺激時，父母可以對他微笑或和他玩手指；父母還可學習辨識寶寶何時需要安靜的午睡時間，還是只想靜下來而已。腦部研究學者把這種親子連結叫做「情境溝通」

（contingent communication），這是早期大腦發展的一大要素（這也是各種文化皆適用的教養技巧之一）。學習聆聽、解讀和妥善回應孩子的訊息，是非常重要的育兒技巧。如果能夠掌握孩子的信號和需求，就能打好基礎，準備建立堅定的關係。

創傷的衝擊

幼兒的生命不見得總能像父母期望的平安順遂。嬰幼兒會感到壓力，他們可能會在家或群體裡經歷受傷、恐懼或暴力，有時必須接受令人害怕或痛苦的治療或住院。這些身體或情感上的壓力經驗叫做「創傷」（trauma），對孩子的情緒發展會帶來深層的影響。受到創傷的孩童可能難以入睡，或會做噩夢。他們可能很焦慮，很難親近人，一直黏父母或照護者。你覺得無所謂的事，可能刺激他們情緒爆發（例如不許他使用他要的杯子）。他們可能會不斷重述自己見到的事，或一直用玩具或其他人來重演該狀況。他們可能封閉內心，拒絕表現出情緒；而他們用來放鬆、學習以及琢磨學習技巧和觀念的能力，也受到損傷。

記住：大腦有復原的力量，只要有安全的環境，許多成人和孩子都能從創傷中平復。最佳的「良藥」就是有耐性、關愛孩子的照護者陪在左右，在需要時不斷提供信任、安全感和情感連結。也要盡快移除壓力的肇因，或是盡快讓孩子脫離施暴環境。必要時務必為自己和孩子向他人求助。

你的寶寶會讓你知道他想要什麼、何時需要。相處越久，越能辨識出這些信號。父母付出的時間和關注是無法取代的，而和父母感情好的孩子，在成長過程中更容易與人相處，並會對所處的世界感到自在。要是和父母共處的時光有限，不論是因為工作、兒童照護、健康或家庭變故，那麼在這種情況下孩子能接受到什麼樣的照顧，就更為重要。所有的照護者，不管有沒有血緣關係，都要用心培養情感連結。④

父母花時間和寶寶相處、回應寶寶的訊號並培養健全的情感連結，並不等同於溺愛。溺愛指的是讓孩子仰賴你。父母必須滿足孩子一切關於愛與基本照護的「需求」，但若配合他一切「慾望」就不是件好事了。父母或照護者在吸收資訊和知識時，記得要運用內心的智慧，找出對親子而言都是尊重且健康的互動平衡。

④見瑪格達・格伯（Magda Gerber）的《致父母：用尊重來照護幼兒》（暫譯）（Dear Parent: Caring for Infants with Respect）。該書是給你和托兒夥伴的寶貴資源。

肢體接觸、說話、歌唱

研究顯示，嬰孩若常受碰觸、按摩揉捏和擁抱，比較不容易發怒，且身體發育比較快。抱著孩童或是親密摟抱，最能向孩子傳達出愛及接納，效果之強，沒有其他舉動可比。嬰幼兒及父母都需要擁抱，充滿愛的擁抱就是解決孩子人生當中許多小危機的良方。

很多成人不習慣肢體接觸，他們很少被擁抱或碰觸，要不然就是曾遭到不恰當的方式碰觸。尤其，若父親不習慣碰觸或擁抱小孩，有時可改用嬉鬧或摔角（這是很好玩的事）來取代親暱依偎。

雖然肢體碰觸能讓寶寶更親近你，同時提供安撫和刺激，但務必要用對的時機、對的方式來實施。如果小孩年紀稍大，可以問他：「想抱一下嗎？」或是「我可以抱抱你嗎？」這能讓他們感受到身體自主權。

說話也很重要。和新生兒輕柔地說話，對大人來說是迷人的事。或許嬰兒還聽不懂，對著他們說話和朗讀故事給他們聽好像沒用，但這些「交談」能刺激孩童掌管語音和語言發展的腦區。

記得，「重複」對你來說可能很乏味，但小孩不覺得無聊。嬰幼兒能透過重複來學習，這也是為什麼「慣例」對這個年齡層來說特別好用有效。你可能覺得再也受不了多念一次繪本《拍拍小兔子》（Pat the Bunny），但你的孩子可能連續好幾個月都會因為這本老掉牙書的音韻和觸感而開心又不嫌煩。假如你知道你的朗讀會塑造出孩子健康的大腦，或許你的耐性會高一點，可以一遍又一遍講述同樣的最愛故事。還有，電視對嬰幼兒的作用，遠遠遜於與成年人的真實對話。電視和螢幕動畫不是交談，那些跳躍的、混亂的節目編排還會惡化兒童的聽力與注意力週期。對孩子說話是無可替代的事，也是最佳的學習方式。

音樂對成長中的大腦也有強大的影響力。就算寶寶完全不在乎聽的是莫札特或是兒歌，但歌曲的旋律、節奏會產生影響。音樂可能會激發創造力，而我們的心和腦波會配合所聽到的音樂節奏來增快或減慢。事實上，把寶寶放子自己大腿上，邊唱歌或一起聽音樂，身體邊跟著起伏躍動，能幫助他的大腦「聽出」節奏。還有，不要只靠錄製好的內容，你自己唱歌給孩子聽吧（你可以的）。一開始是你自己一人歌唱，不久後小朋友也會跟著應和起來。這可不是噪音喔，這是健康腦袋成長的聲音！

記得，音樂可以撫慰人心。輕柔溫潤的聲音對小孩、對成人都有舒緩心情的效果。休息時或入睡前可以播放緩和音樂，讓忙得不可開交的小寶寶漸漸緩和下來，慢慢靜下來（輕柔的音樂也很適合在托兒機構引導大家進入休息時段）。

讓小孩玩，你也跟他玩

父母常常事情忙不完，所以把嬰兒放在嬰兒座椅上或者護欄後面，要不然就是讓他們長時間看3C產品，用這些方式取代遊玩。但是，嬰幼兒還在探索自己的身體，才剛剛形成腦部和動作之間的重要連結，正在發展肌肉控制，學習不同的觸感和萬有引力。這時候的孩子需要有機會活躍玩耍。

玩耍其實是孩子的任務，事關他如何探索這個世界，如何認識人際關係，如何嘗試新角色和個性。家長通常都懂得要把小孩帶到他們能玩耍的地方，但自己卻很少一起和孩子玩耍。祖父母常常表示，他們生活中的一大喜悅，來自於和孫子孫女玩耍，不管是當馬騎、採集花朵和葉子來裝飾小屋，還是在毛毯包覆下的「堡壘」裡頭共享下午茶時光。祖父母較不必辛苦工作，也較少家庭的日常壓力，較能放輕鬆和可愛的孫子孫女玩耍。

玩樂也是讓親子關係充滿愛與連結的重要一環。玩具本身不需要有太多功能，一場難忘的「玩耍」可能只是玩著一個色彩鮮豔的搖鈴，一遍又一遍聽著它的聲音。讓小孩「主導」

遊戲吧。要瞭解小朋友的世界，最棒的方式就是和他一起玩耍。

孩子在成長過程中需要施展想像力和創造力的機會，這也包含獨自一人玩耍。就連玩具的包裝盒或水槽底下的鍋具，小孩都能拿來玩得不亦樂乎，從中學習到新經驗。小孩子自己就能發出警報聲，哪裡還需要電動消防車？老派的互動玩具還是很有用，積木、換裝衣物、沙坑和一團團的黏土都能讓孩子發現建造、碰觸和塑造世界的驚奇。

更棒的則是大人和他一起玩：親子一起蹲下來用沙發靠枕蓋城堡，或是玩經典桌上遊戲。也可以玩打水仗或玩泥巴（記得，小孩用五感學習，能夠玩得髒兮兮也是玩樂與學習中的可貴之處。反正之後再一起收拾就好了，這部分也很有趣）。這樣的話，你能和孩子創造出特殊的回憶和情感牽絆，成為未來共同的珍藏，並且讓他在大腦中建造出重要連結。

鼓勵好奇心和安全的探索

你需要自由時間的話，嬰兒座椅、寶寶搖籃和遊樂護欄區就能派上用場。不過你好動的小朋友需要時間和空間來發展自主能力和主動性，最好的方式就是在屋內、庭院或是附近公園漫步探索，當然你要在旁督導（自主能力見第八章，其中也有介紹兒童防護）。

小孩要發育大腦和接受刺激，最好的方式就是參與自己感到有趣的事物。如果你的孩子對色彩和顏料、動物或大卡車充滿好奇心，你可以想辦法讓他探索他想知道的事物，以此幫助他的腦部發育。你可以花點時間找出你的孩子喜歡什麼事物，並製造探索這些事物的機會。

讓寶寶獨處

請不要誤以為寶寶需要持續不斷的刺激。寶寶需要有他自己的時間來自行探索。當嬰兒仔細端詳自己手指，或是玩弄著自己的腳趾頭，就表示他正在探索。你忙著自己的事時，許多寶寶只要坐在嬰兒座椅中視線跟著你，他就心滿意足了。

當然，關鍵在於「平衡」。提供刺激是件好事，像是說說話、講話哄一哄或是唱唱歌，但不要一直這麼做。過度刺激會讓小寶寶容易暴躁，且過度刺激不利大腦的最佳發展。你跟小孩玩或是對他說話時，他可能會把臉別開，表示他需要安靜的時間來休息或重整。也別忘了，每個寶寶狀況不同，有些孩子特別喜歡安靜玩耍和平靜的時間，有些喜歡比較多的刺激。

有時不只是產後憂鬱而已

母親在生產後的幾個月中，多少會經歷情緒上的起伏，也有不少母親的憂鬱情形相當嚴重，已經到了難以正常處事和好好生活的地步。產後憂鬱不是任何人的錯，但會嚴重影響母親的健康和孩童的發展。

產後憂鬱會讓母親無法享受和寶寶相處的時光，也使母親無法回應寶寶發出的訊號或跡象。有憂鬱症狀的母親常感到特別疲累和哀傷，且容易對小孩的需求用憤怒或激動的情緒回應。憂鬱會干擾睡眠和食慾，媽媽憂鬱時難以專注，且想遠離他人或是足不出戶。憂鬱也會嚴重影響嬰兒，讓孩子情緒不穩、難以安撫，且在語言和發育上比較遲緩，最終發展出行為問題。

如果你察覺自己有憂鬱的跡象，請務必要求助。治療憂鬱的方法有很多，獲得支持能讓你和小小孩過得更加輕鬆。

善用教養，切忌責打或搖晃孩子的身體

發育中的大腦相當脆弱，常有嬰兒因成人在憤怒中猛烈的搖晃或毆打而死。你可能認為「我才不會傷害我的寶寶」。但以下這點或許你沒想過：嚴厲的批判、處罰或羞辱，也

會損害孩子的大腦，減損孩子對你的信任。別忘了，腦中頻繁使用的連結會留存下來，未使用的會消失。所有的父母都會犯錯，且不免在育兒的過程中感到挫敗、疲累。只要你察覺到你目前對待小孩的方式會產生何種長期影響，那麼你就能做出適當的決策，達到教養的目的，提供孩子發展所需的規範，且讓他瞭解到他是有歸屬的，他的存在有意義的。這將會影響孩子一輩子。

別忘了照顧好你自己

你可能會納悶，你的健康和心理狀態怎麼會影響到孩子的大腦呢？家長和照護者是幼兒生命中最重要的人。你的心情和情緒（凡人都難免）常會決定親子關係的品質。壓力、疲勞或擔憂都會影響到你和嬰幼兒的互動，因此也影響到他對你，還有他自己的觀點。

慎選托兒對象

孩子進入托兒中心之後，他的大腦會持續發育。現在很多父母都在工作，因此許多嬰幼兒白天有好長一段時間是由他人照顧。所以不難理解，除了父母以外的照護者，也需要擁有相同的技巧，以便養育大腦正在發育的孩子。把小孩交給他人照顧不是件容易的事，不過優質的照護能支援孩子的發展。務必要確保你不在身邊時，小孩也能得到優質照護，這點我們會在第十九章詳述。

享受孩子的陪伴

記得，孩子（和我們大家）所需要的，就是知道自己有所歸屬、在世界上有一席之地、對身旁的人有價值。**不管你生活再忙、你多麼認真看重為人父母的重要職責，也要停下來享受小孩的陪伴**。你因為小小孩的牙牙學語、因為孩子可愛的行為而驚嘆、而笑得合不攏嘴或是感受到那分喜悅，這些都不是在浪費時間，而是對家庭未來的寶貴投資。打掃家裡、整理庭院和洗衣服等工作都可以等等再做，不過一定要偶爾放慢腳步，好好享受和孩子共處的時光。因為時間匆匆不等人。

前三年，決定終身

正向教養的育幼方式，相當切合我們對於人腦發展的認知。你只要盡己所能，就「夠好」了。覺察是採取行動的第一步，足夠的知識則能讓你做出對孩子最好的選擇和決策。⑤養育孩子確實是重大職責，從很多方面來講，孩子的前三年會產生一輩子的影響。

鼓勵寶寶腦部發育

- 回應寶寶透露出的訊息。
- 肢體接觸、說話和歌唱。
- 讓小孩玩耍之餘，你也親自和寶寶玩。
- 鼓勵好奇心和安全的探索。
- 給寶寶一些獨處時間。
- 要用教養的方式，切忌打小孩或猛烈搖晃孩子。
- 你要照顧好自己。
- 慎選托兒對象。
- 愛小孩也要享受他的陪伴。

勤勉認真、關愛孩子的父母，經常會擔心自己沒有滿足孩子的需求，擔心自己有哪些事做得不夠好，擔心自己沒有提供孩子大腦發育所需的照護和環境。不過你可以這麼想：世上沒有完美的人，你也不需要當完美的父母。你的孩子不需要你完美，他需要你給予溫暖和疼愛，並注意到他的需求。

想想看

1. 回想一下你成長的家庭背景。你最喜歡父母哪些方面？其他親戚呢？照顧你的人呢？他們的哪些作法，你覺得可以有所改變？你覺得你對自己和他人有哪些觀點是來自於你的出身背景？你要怎麼使用你從自己成長過程中學到的經驗來加強和自己孩子的關係？

2. 從本章介紹的方法中，選擇一個來鼓勵寶寶的發展，並連續一週專注使用這個方法。譬如你本週可以專門碰觸孩子並對他說話或唱歌，隔週再選擇別的方式。若每週都全

---

⑤更多大腦發展和孩子一到三歲的資訊，可見www.parentsaction.org 或www.zerotothree.org

力做好一個方法，你認為你和孩子的關係會有什麼不同？

3. 以下哪一項比較重要：運用科技來刺激智能學習，還是關注的親子關係？為什麼？有可能從中取得平衡嗎？

第四章
瞭解你的小小孩

瑪莎有話要說。她癱坐到椅子上，不耐煩地等待其他育兒互助會成員聊完天、坐好。帶領互助會的講師注意到瑪莎的不快，微笑說道：「瑪莎，看來妳想和我們分享，不如就由妳開始吧。」

瑪莎嘆口氣、搖搖頭說：「我實在不知道該怎麼辦才好。」聲音裡明顯透露出挫敗：「我兩歲的兒子丹尼爾快要把我給逼瘋了。我說了十幾遍，叫他不要碰，他就是硬要去摸店裡的東西。如果我沒有立刻念故事給他聽或跟他玩的話，他就發飆，連等五分鐘的耐心都沒有。我們一起在路上走，他動不動就甩掉我的手，我很怕他會自己亂跑到街上。」

瑪莎講述著自己淒慘的經歷時，其他成員露出同情的笑容，也有些人點了點頭。其他家長也曾分享過類似的經歷，因此現在能感同身受。瑪莎接著說：「我今天早上簡直是忍無可忍了，」她停頓了一下：「今天早上丹尼爾對我撒謊。我跟他說過不可以說謊，但他還是睜眼說瞎話。」

講師看著瑪莎，點頭說：「我知道妳很難受。丹尼爾說了什麼呢？」

瑪莎回覆：「他呀，他說他在後院看見一頭獅子。這太離譜了吧？他明明知道後院不會有獅子。要是丹尼爾小小年紀就學會說謊，長大後還得了？」

另個婦女也開口說：「我也很擔心。要是我家小孩現在就這樣，長大後會變成什麼樣子？」其他人紛紛點頭表示關切。

不難理解這些家長的擔心與不知所措，其實很多家長都有類似的經驗。但是，小小年紀的丹尼爾並不是要故意讓媽媽暈頭轉向。實際上，如同瑪莎互助會的講師即將說明的，很可能只是丹尼爾表現出了「適齡行為」，也就是活潑的兩歲孩子用只有自己理解的方式在認識這個世界。

進入孩子的世界

你家小小孩身處的世界和你的世界十分不同。育兒的首要挑戰就是要用他的角度去觀看和感受，來瞭解他的世界是什麼樣子，並瞭解他大腦及技能的發展情形。若你期望小孩能用你的方式來思考、行動或感受，這樣行不通的，只會造成誤解。

若要成為高效的父母，或可以說若要成為高效的人，就要理解他人的認知觀點，能「進入他們的世界」。對幼兒家長來說尤是如此。畢竟，他們的世界和你的很不一樣呢！（有趣的是，你的孩子要等到青少年時期，才能夠發展出這項能力，研究學者稱之為「心智省察力」mindsight。不管孩子多聰明，還是無法用你的方式來看世界。）嬰兒並不是「小型的成年人」，但他們卻可以開始學習大人的情緒感受。

新生兒剛誕生時，他的世界整個改變了。他原本被包覆在溫暖安全的環境中，貼近母親的心臟，任何需求都能立即獲得滿足。突然間，在天搖地動的一場艱辛之旅後，他離開了母親的身體，來到充滿著冷與熱、噪音、會移動的物體和刺眼光芒的世界。一張張臉孔來來去去，四面八方傳來聲音，而且他還不瞭解這世界運轉的節奏。原本立即能取得的營養和舒適感都消失了，從現在起，他必須要大聲啼哭，才會有人來解除他的飢餓感並安撫他。不管是睡眠、飲食還是基本生理機能，一切的一切都要調整，以便適應新生活。若說嬰兒想要回到媽媽的肚子裡，這也沒什麼好奇怪的吧！

孩子的前幾個月或前幾年無非是一場探索之旅。首先要探索的對象就是他自己。嬰兒對自己的控制是從中心向外擴散，換句話說，先從他身體中心的大肌肉群（換氣的肺和跳動的心）開始，接著才是肢體末梢的小肌肉群。起初他相當無助，只能行使最基本的身體機能，甚至抬頭或翻身都得靠別人協助。小寶寶要生存，仰賴的就是引起成人注意來提供他所需的照護。

漸漸地，他的控制能力會增強。他的眼力進步了（那是媽媽嗎？），也學會了用視線追蹤物體。有一天，他發現自己能夠操控雙手來揮動，能讓雙手移動位置、抓握，甚至還可以……噢！把手塞進口中呢。接著發現自己可以用手指頭抓取物品，然後也可以把這些東西統統塞入嘴裡。

其他各種發展上的重要里程碑，也會在適當時機一一出現。寶寶學會翻身、快速挪動、爬行和攀爬桌椅，最後學會走路。他成為一個小小科學家，探索自己能力所及的一切。父母有時候會把這些探索視為「搗蛋」，而忽略了這對大腦健全發育的效用。最慢學會的是精細的技巧，像是平衡和小肌肉控制，這也是五、六歲的小孩還不會綁鞋帶的原因。要成為高效而有愛心的父母或老師，意味著你必須理解小小孩的世界，並盡一切努力來進入他的世界。

瞭解孩子的個性

一個人的個性是由什麼因素造成的？同樣是兩歲的孩子，有的很乖很配合，努力讓大人開心而好相處，有的卻是存心挑戰所有規則，一直想突破極限，破壞眼前所看到的一切。小孩是父母基因的產物（先天），也無疑受到環境和想法影響（後天）。研究顯示，基因和天生的性情特質帶來的作用，比專家過往想的更重要，但也有研究表示信念可以改變ＤＮＡ。①或許更重要的是，雖然孩童同時受到先天和後天力量的驅使，但他們也把獨一無二的事情帶來世上，也就是他們獨特的靈魂和自我認同。再加上他們成長過程中為了存活、為了發展而做出的許多決定（有些是潛意識的決定），將會形成孩子的個性。這些決定非常重要，稍後我們還會不斷討論，以便引導你進入小小孩的世界。

你有沒有注意過，同一對父母、來自同一個家庭的孩子，個別狀況也可能天差地遠。這是因為每個小孩都會依據自己對世界的認知來做出獨特的判斷。有的小孩會判斷：「我

---

①請參考布魯斯．立普頓（Bruce H. Lipton）《信念的力量：基因以外的生命奧秘》（The Biology of Belief）。

喜歡設立界線，這樣比較安全。」有的小孩則認為：「界線讓我覺得礙手礙腳的。」這些判斷往往是孩子憑著感覺做出的（因為他們還不會講話），並非理智上的判斷。家長必須要多花時間去好好瞭解並且接納小孩本來的面貌。

還記得本章一開頭的媽媽瑪莎和兩歲的丹尼爾嗎？我們來看看讓媽媽這麼無奈的行為背後，有什麼可能的原因（後續的章節會更深入討論這些概念）。

小孩透過親身體驗來瞭解這個世界

「玩耍中」的小孩，其實是在勤奮工作，包含嘗試新的角色和想法，以及品嘗、碰觸、嗅聞事物，並在新生命中做實驗。學習是要透過實做才行，而且學習過程中充滿著對探索的狂喜。大人需要給孩子一些時間，也要拿出耐心，才能讓孩子知道界線在哪裡。有些孩子能接受規範，有些孩子則是不斷挑戰底線。這不表示這個「愛挑戰」的小孩很壞。他只是性情不太一樣，家長必須努力實行溫和且堅定的正向教養。

出生順序影響孩子對世界的觀點

每個新生兒所經歷的家庭狀況都不太一樣，和他們的哥哥姐姐或弟弟妹妹的經歷也不同：可能家裡的人變多了，家裡的人成長了，改變了。父母生第一胎的時候可能知識比較不足，後來的經驗才多起來。

有一位媽媽瑪麗亞是這樣描述女兒法蒂瑪的脾氣：阿姨們努力要和法蒂瑪講理，抱著她拜託她不要鬧了，有的阿姨後來受不了了，也跟著哀嘆起來。兩年後媽媽生下弟弟米格爾，米格爾也會鬧脾氣，但此時阿姨們有了照顧法蒂瑪的經驗，得知鬧脾氣是小朋友的正常情形，因此能鎮定下來，因為她們知道這時期會過去，若不要太去關注的話會過去得更快。所以米格爾鬧情緒時，阿姨們會微笑、搖頭，接著等待寶寶平靜下來。米格爾出生時所經歷到的家庭環境，比法蒂瑪的環境更輕鬆自在。

出生順序的另一個面向在於家裡是否有兄弟姊妹。「獨生子」或「長男長女」要是肚子餓，大人會隨時餵他。但如果家裡有弟妹，長子長女就必須等到弟弟妹妹換好尿布或喝完奶，才能拿到餅乾。家中排行老大的孩子也可能較早學會如何自己做事，而小妹則習慣等待哥哥姊姊拿餅乾給她吃。

這些差異沒有好壞之別，但確實會影響到小孩的行為。若新生的弟弟引起父母關注時，姊姊就開始無緣無故唉唉叫或是搗亂，這點很明顯。可是「哥哥姊姊去上幼幼班導致弟弟妹妹更黏媽媽」，這點就比較不容易看出來。不論你面對的是何種行為，考量孩子的出生順序能讓你更加理解孩子的「不當行為」。②

孩子的探索和實驗，被誤為是不當的行為

孩童需要安全、充滿愛的環境，才會感到安心，正如所有人都需要堅固的牆壁和屋頂來阻擋風吹雨打。不過，就算是非常「乖」的孩子，偶爾都還是會逼近邊緣，測試一下規範。他的目的其實是要藉此確認自己的處境。他不是要故意逼瘋你，他是在進行符合他這個年齡的探索，或是要瞭解規律，確認一下大人是否說到做到（這是信任的重要一環）。大人有時會忘記「小孩是不能講理的」，所以大人會說太多，自己親身示範卻不足。不管你多麼會講話，對幼兒來說言語只不過是聲音罷了。行動才能傳遞出明確的訊息，像是把小孩抱起、移到另一處。不過，有些行動或言語只會使情況更糟，例如打孩子、大喊「不可以」、和小孩對峙等。大人這些跟著起舞的動作，只會讓孩子更想和大人周旋下去，或甚至有樣學樣。孩子這些試探的作法很煩人嗎？當然沒錯。很令人

挫敗？絕對是！但孩子其實不像父母所認為的那麼調皮搗蛋，他們只是做這個年齡會做的事。

幼兒很少「故意不乖」

大人往往會誤解孩子行為背後的動機或意圖，這些誤解反映出的是成人的思考模式，而不是幼兒的想法。有些大人彷彿以為孩子晚上都不睡覺，只想著如何把大人搞瘋。瑪莎不斷警告兒子不准碰店家的物品，這樣沒什麼用，有用的是大人的監督再加上溫和堅定地轉移他的注意力。幼兒是衝動的「迷你人類」，警告再多也阻擋不了他想要觸摸、探索的慾望。坐在娃娃車上的幼兒看見推疊成塔、閃閃發亮的瓷杯，伸長身子去抓底層的杯子，並不表示他「故意不乖」。杯子的顏色引起他的注意，他想要拿來一探究竟。他是個小小科學家，使用雙手、嘴巴和不完美的肢體協調來研究花

②出生順序的詳細介紹，請參考《溫和且堅定的正向教養》第三章。

花世界裡各種物品的特性。身為父母的真正任務是預防意外，保持警覺，並且反應快速。

孩童的體型和肢體力量，影響他的行為

請把你的臉降低到小孩子的高度。你看見什麼呢？世界看起來變得不一樣了！要看大人的臉，必須把頭往後仰高，維持太久會痠。小孩子看到的世界是大人的膝蓋、小腿和腳丫，如果要引起大人注意，最管用的方式就是拉扯他們的手或腿！還有，試想，從這個較低位置觀察，比手劃腳大吼大叫的父母是多麼的可怕。

如果你有心去看看小孩看見的世界，會發現他搖籃上的吊飾會有全然不同的面貌。大人看見的是可愛小動物在空中旋轉，孩子從底下看起來卻只有歪曲的色塊。新的吊飾已經把圖像朝下，畫著孩子喜歡的黑、白反差圖形。

小孩的世界裡充滿著熱鬧、令人分心的圖像、聲音和物質。要確保小孩子知道你在和他說話，最好的方式就是要有眼神接觸。蹲低或彎身到他的高度，看著他好奇的雙眼，直接對著他說話。

請你試試看用孩子的高度，牽著另一個大人的手，想像用這個高度走一大段路到附近的購物中心。家長常覺得小孩不喜歡牽手，其實小孩只是想恢復手掌和手臂的血液循環！

此外，孩子要加快腳步才跟得上成人的步伐，難怪孩子慢吞吞，或是跑到一旁用自己的速度行動。

體型太小，雙手又無法做好該做的事，這是多麼令人挫敗呀。孩子有時也很想幫忙，想自己穿衣服和做家務事，但實在是力不從心。結果就是小孩氣餒憤怒，大人也一樣氣急敗壞。這樣當然無法營造出適合學習的正面氣氛。要是你想做的每一件事情都超出你的能力範圍，就算你已努力還是遭人批評，那麼你會作何感想？你可能會挫敗而放棄，然後開始出現「不當行為」。稍後我們會多談談期望、鼓勵和慶祝階段性的小成就。

「現實」和「幻想」的概念，孩子與大人不同

你知道嗎，你走出嬰兒的視線範圍之外，你就不存在了呢！玩具不小心掉在地上，就永遠消失了！因為孩子還沒發展出「物體恆存」的概念。等到嬰兒瞭解父母永遠存在之後，就會因為不想和父母分離而開始有分離焦慮。一旦他們知道玩具仍存在，就會在玩具被收走時感到喪氣而哭鬧。

在這種發展歷程中，年幼的孩子會用想像力來探索和學習。本章開頭故事裡的小小丹尼爾並沒有在院子裡看見獅子，但可能看見了鄰家的貓。或者他看了在講叢林獅子的卡通。又或者是他的繪本裡有獅子。丹尼爾說的獅子不是「謊言」，而是來自他生動的想像力，外加點創意。幻想和現實之間的分野，在嬰幼兒的前幾年當中並不明確。

小孩也會用幻想來感受他無法以言語描述的情緒，這也是一種探索內在的方式。他可能是用後院的獅子來表達獨自一人的恐懼。父母若能仔細聆聽並接納（稍後會詳細討論），就能讓小孩理解他的感受，學習如何辨識自己的情緒，找出健康的排解方式。

年幼孩子還不懂得耐心

回想一下你小時候。生日好不容易才終於到來。年紀漸長，時間也變快了呢。

對於耐不住性子的孩子來講，時間比成人慢很多。孩子對時間計算的方式和大人不一樣，對於小丹尼爾來說，等待五分鐘簡直就是天長地久，他一定是覺得媽媽做每件事都花太久時間了。孩童當然需要磨練耐性，但家長也要有足夠的耐心來等待他們學會這件事。期望孩子在禮拜天教會聚會中久坐，或是靜靜等待說故事時間來到，實在是不切實際。

吉米是個格外聰慧的八歲孩子。有天晚上爸媽開車到一家店裡買冰淇淋。一星期過後，全家又經過那家店，吉米興奮大叫：「我們昨天有來過這裡！」爸爸訓斥他不可以騙人，但吉米並沒有騙人，是爸爸不瞭解吉米的發展，吉米只是還不熟悉時間概念而已。如果爸爸有這樣的理解，就會很高興吉米正在發展出記性，而不必擔心他「胡說八道」。

性別有差嗎？

家裡即將多出一個寶寶的消息曝光後，每個人都在問：「是男生還是女生？你比較喜歡哪一個？」大家都想知道寶寶的性別。

為什麼要在意性別呢？性別關係到的不單單是要給寶寶買藍色還是粉紅色的衣服，性別之間更有巨大的差異（尤其在早期）。爸媽對男生或女生的說話方式、肢體接觸方式以及彼此關係也不同。

男孩和女孩在很多方面的相似之處多於相異之處。男孩、女孩都需要獲得愛、歸屬感和鼓勵，發展出良好的品格和社交技能。不論男女，小孩都需要堅定溫和的教養，與父母（及照護者）建立感情。文化差異和觀念對男女孩童成長方式也有重大影響。此外，懷孕時嬰兒的大腦接觸到性荷爾蒙，因此會有一些與生俱來的性別差異。

理解你孩子的世界：

- 小孩透過親身體驗來瞭解這個世界。
- 小孩的出生順序影響他對世界的觀點。
- 小孩因缺乏能力或技巧產生的挫敗感，可能被誤認為不當行為。
- 孩子對探索和實驗的發展需求，可能被誤認為不當行為。
- 幼童很少刻意做出不當行為。
- 孩童的體型和肢體力量深深影響他的行為。
- 孩童對現實和幻想的概念，與大人很不一樣。
- 多數年幼孩子還不懂得耐心是什麼。

男孩女孩真相解密

你可能會很驚訝，男孩出生時其實比女還還要脆弱。男嬰比較容易感到壓力，比較容易出現健康問題，他們也比女生「愛吵鬧」，他們比較愛哭，也比較難學會冷靜（冷靜下來的行為稱為「自我安撫」）。男嬰對日常例行事務的變化、父母的憤怒或憂傷比較敏感，他們的分離焦慮和情緒化表現也比較嚴重。

相較之下，女生寶寶比較快就能進行眼神接觸，她們語言學得比男生快，前幾年的社交和情緒技能也比較成熟，而且小肌肉的技能發展也比較快。研究顯示，父母比較常對女兒說話、碰觸和擁抱。當男、女孩童到兩歲左右，男孩會比較衝動，更好動，要花更久時間學習自我控制，並在侵略性、好奇心、衝動和好勝心方面都比女生強烈。③更不用說父母和幼教老師都可能比較喜歡小女孩的「乖巧」行為，這點會在無意中形塑小男孩對自己所扮演角色的觀點。

別忘了，**性別差異只是大致的分類，每個孩子都是獨一無二的**。等到孩子上學了，許多差異會慢慢消失。

父母和性別

家長對年幼孩子的性別認同影響甚鉅。你的寶寶並非一出生就知道自己是男孩或女

③參見蘇珊・吉爾伯特（Susan Gilbert）《男女育兒教戰手冊》（暫譯）（A Field Guide to Boys and Girls）。

孩，也不知道這兩個詞語的意涵。要是文化環境強烈要求男孩子要「剛毅寡言」（不幸地，多數情況都如此），父母可能不知不覺地在兒子還小時就要「讓他學著堅強點」。文化氛圍期望女孩子文靜乖巧，從小就讀書寫字，父母可能會忽略女兒的體育表現，錯過了讓她朝這方面發展的機會。請不要剝奪孩子的可能性。你的小小女兒可能很堅強，你的兒子也可能善於體諒他人。

許多孩童不能完全套入「男孩」或「女孩」的類別。事實上，這種年紀的小孩會嘗試不同角色、玩具和身分認同。對有些孩童而言，典型的性別身分永遠沒辦法讓他們感到自在，因此需要用耐心、鼓勵和接納，陪伴他們學習適應這個對於性別有期待的世界。

每個文化（反映在音樂、電影、玩具和服裝上）對於男生、女生應有的外貌和行為都有許多評價。我們會把名字、顏色、職業甚至是樂器聯想到一種性別。小孩往往很早就吸收了這些觀念，而此時他們還無法意識到自己的決定呢。研究顯示，不管是男生或女生，若能發展出兼顧堅強、和善、勇敢及關懷的能力，這樣才健康。

孩子還小時，你應該找時間來探索你自己對性別的想法。你覺得，小男孩「應該」是什麼樣子？小女孩呢？要怎麼才能讓你獨特的孩子培育出堅強的力量與溫柔的心？若能進入小孩的世界，理解他的發展狀況，就有助於教導、鼓勵並安撫你獨一無二的孩子。

適齡行為，或是不當行為？

說到這裡你應該已經知道，教養幼兒的重大挑戰之一，就在於辨識「這是正常發展階段的行為」，還是「故意的行為」。許多教養難題並沒有正確的解答，但應該避免「過度強調快速但效期很短的措施，而忽略了長期生活技能的逐步發展」。越來越多研究表明，懲罰看似立即見效，但長期而言非懲罰性的方法產生的效用更大。要是你和其他共同照護者能盡量瞭解孩子的成長和發展過程，並去瞭解每個小孩的獨特之處，則你和孩子都能受益。學著去相信自己身為父母的內在智慧吧，沒有任何專家或是一本書能給出一切的解答。不過，本書所提供正向教養工具和原則，能協助你引導和鼓勵孩子度過關鍵的前幾年。

想想看

1. 你遇過哪些嬰幼兒表現出的「不當行為」？這些「不當行為」中，有多少是因年齡或發育階段所致？有多少是小孩能自己控制的？

2. 懷孕期間，妳有希望是男生或女生嗎？為什麼？妳認為小孩性別有何重要？要是孩子性別不符合妳原先的期待，妳該做什麼，才能學會去鼓勵、認同他的真實樣貌？

第二部

正向教養第一步：發育中的孩子

第五章

十種正向教養的工具

到這裡，你為孩子鋪設的舞台已經準備就緒。你和孩子也展開了共同學習成長的歷程。你已經瞭解為什麼情感連結、尊重和兼顧溫和及堅定等事很重要。但具體來說，要怎麼「實行」正向教養呢？要是懲罰無效，什麼才有效？本章將提供十種工具，讓你與孩子建立相互合作和尊重的關係，同時引導他發展出重要品格和生活技能，讓他一生受用。本書後續章節也會多次提到這些工具，本章則是讓你開始引導和影響孩子的行為。

請記住，就算工具再怎麼厲害，也不可能對所有孩子都永遠有效。你獨特的孩子在成長中不斷變化，你也需要經常要回到原點，重新摸索，但本章的工具卻是有效教養的長期基礎。此外也別忘了，若你把這些工具當作是控制手段（而非引導的原則），那麼工具就無法發揮效用了。你的行為背後的心態以及造成的感受，比你實際的行為本身更重要。

正向教養的十項基本原則：

1. 先連結情感再矯正行為。
2. 讓孩子參與其中。
   a. 提供可接受的選項：
   b. 給小孩機會幫忙。
3. 建立慣例流程。
4. 以身作則來教導尊重。
5. 拿出你的幽默感。
6. 進入孩子的世界。
7. 用溫和且堅定的方式付諸行動：說話算話，且貫徹執行。
8. 要有耐心。
9. 多多督導、分散注意和重新導向。
10. 接納孩子的獨特之處。

1. 先連結情感再矯正行為

正向教養的基礎在於幫助孩子感到歸屬感和價值感（情感連結），因此我們一再強調你與孩子之間培養的感情很重要。許多父母說，正向教養幫助他們與孩子（以及與其他家長）建立充滿關愛的關係。如果有父母覺得這些工具無效，很可能是因為沒有投入足夠的時間與孩子培養出彼此的連結。

情感連結有很多形式。可能是簡單說句：「我愛你，但必須告訴你不行這樣。」也可能是認可孩子的感受，像是說：「我知道你還想繼續玩，可是現在該睡覺了。」請隨時察覺，你和孩子是否陷入了權力角力。此時若願意退一步，變換態度並重新開始，也可以讓孩子改變態度。

2. 讓孩子參與其中

孩子出生第一年，生活中大小事都需要仰賴你，但他們很快就有了自己的意見和獨特的個性。與其叫他們按照你說的去做，不如想辦法讓他參與決策（當然要視年紀採用適當的方法），並引導他表達出想法和感受。有個作法是使用「引發好奇心的問題」，例如問：「我們要把尿布收在哪裡呢？」「你想讀哪本書？」「要去托兒中心前，我們要做好哪些準備呢？」如果小孩還不太會說話，可以說「接

下來我們要……」，同時溫和且堅定地做給他看，而不是光用講的。

提供幾個選項

有選擇的時候，孩子會覺得自己有力量。不同的選擇也可以促進孩子動動腦來考慮該怎麼做。當然，聽到選項當中有他可以出力幫忙的機會，小朋友會很高興。「我們回到家後要先把什麼東西收好呢？冰淇淋或柳橙汁？你來決定吧。」「我們現在要走過去車子那邊了，你想要負責拿被毯還是餅乾？你來決定吧。」

加上「你來決定」這句話，能讓小孩有更大的力量感。請確認，每個選項都要適合他這個年紀的能力範圍，且每個選項你都覺得沒問題。要是小孩想做別的，可以說：「沒有這個選項喔。你看要選……還是……（重複可接受的內容）。」

給小孩機會幫忙

小朋友要是聽到「我們要過去車子那邊了」，通常不想乖乖照做，但如果是聽見「我需要你幫忙把鑰匙拿到車子那邊好嗎？」他的回應會比較積極。有些事情容易變成雙方僵持不下，但如果善用直覺和創意，這些事情也能帶來歡笑，拉近彼此距離。

3.建立慣例表

「重複」和「遵循一致的規律」是幼兒最快速的學習方式。你可以為小小孩建立可按表操課的慣例作法。很多事都可以建立出慣例流程，像是起床、上床睡覺、吃飯、買東西等。接著就可以和孩子說：「該做……的時間到了。」小孩年紀再大一點時，也可讓他一起幫忙建立慣例表。這些表格的形式是可遵循的「規劃圖」（而非貼紙或集點卡），裡面可以有待辦事項的照片。若他忘了，先不要直接公布答案，而是問：「慣例表裡的下件事情是什麼呢？」集點卡之類的制度會剝奪他內心的能力感，因為他看重的是能兌換到的獎品。慣例表只是列出事件的排序，成為日常任務的指引。

4.以身作則來教導尊重

家長通常都要小孩尊重大人，但大人對小孩子的尊重呢？**小孩要親眼看到如何表現出**

尊重，才能學會如何尊重人。提出要求時，要用尊重的態度。你打斷了他正全力投入的事物時，可不能期待他「立刻」做你要他做的事。先給一些提醒，像是：「我們再兩分鐘就要離開公園了，你想再盪一次鞦韆還是玩翹翹板？」身上帶著一個小計時器，或是用手機來計時，且讓小孩和你一起選鈴聲，鈴聲響起時，就該離開了。

另外也要記得，羞辱不是尊重。要是小孩受到不尊重的對待，他也很可能會還以顏色。溫和且堅定的態度不僅尊重你以及孩子的尊嚴，也符合當下情境的需求。

5.拿出你的幽默感

沒人規定育兒方式非得很無聊或讓人不快。歡笑常常是辦事的最佳方式。親子之間可以學習一同歡笑，發明一些遊戲來迅速做好枯燥的事。幽默也是最有用、最令人享受的教養工具之一。

要是把命令替換成一同玩樂的邀約，小孩子非但不會反抗，反而會很神奇地熱烈回應。可以和幼兒說：「我們來打賭，我從一數到十，看你能不能把所有車車收完」、「我想知道你能不能比爸爸快刷好牙、換好睡衣。」

6.進入孩子的世界

在孩子前三年的教養中有件極重要的事，就是瞭解你家嬰幼兒的發育階段需求和能力限制。小孩啼哭或是發脾氣時，盡可能抱持同理的態度，或許他只是對自己能力不足感到挫敗。所謂的「同理」，是要能理解並連結情感，而不是幫他把事情做好。要是你要離開公園了，但小孩還不想走，你可以抱抱他並且認可他的感受：「你現在很難過，我知道你還不想回家。可是我們該走了。」然後繼續抱著孩子，讓他感受自己的情緒之後，再接著做下一件事。要是已經到了該回家的時刻，但你因為寵孩子，而讓他繼續在公園玩，那麼他就沒有機會可以學習如何面對失落的心情，他反而會學到如何操縱你。

進入孩子的世界，就是要用他的視角來看這個世界，並且曉得他的能力和不足之處。可以問問自己，假如你是小孩的話，自己會有什麼感受和行為。用迷你人的雙眼來看世界，或許心情就會豁然開朗。

7.用溫和且堅定的方式付諸行動：說話算話，貫徹執行

孩子通常能感受到你是否說話算話，或只不過是說說而已。若你對自己說出口的話無法認真看待，表達的語氣又欠缺尊重，又無法用有尊嚴和尊重的方式來執行，那還不如不說。這意味著要重新導向孩子的行為，讓他看見他「做得到」的事，不要因為他「做不到」的事情來處罰他。這也表示可能要在小孩不想離開滑梯時，用行動把他帶走，而不是親子之間開始爭吵或陷入意氣之爭。只要作法溫和且堅定，不帶憤怒，不說空話，就能達到尊重又有效的境界。

8.要有耐心

有時候你要一遍又一遍教導孩子，直到孩子發育到真正能明白的階段為止。舉例來說，你可以鼓勵孩子與人分享物品，但不要預期他能真正瞭解這個概念，並且馬上就能靠自己做到。要能與人分享，需要時間和練習，也要等到克制衝動的能力發展更純熟。要是他現在不願意分享，先不用擔心，這不表示他終身都會是個自私自利的人。若你知道他的表現合乎年齡，就能比較放心。不要太糾結於小孩子的行為，太在意他對你發怒、愛搗亂或是不聽話。請拿出大人的風範，做你該做的事，並且不因此感到愧疚或羞愧。

9. 多多督導、分散注意和重新導向

少說，多做。如同德瑞克斯曾經說過：「閉上嘴巴，實際動手。」年幼的孩子需要持

我家小孩都講不聽！

問：我家兩歲的孩子好頑固。我好說歹說他都不聽，還是只做自己想做的事。我對他說該睡覺了，他都不理我，還是繼續看電視。非得我發脾氣，不然他都叫不動。我每次發怒後感覺自己很糟糕，我該怎麼做才能讓他聽我的？

答：「我小孩都講不聽」是父母最常見的抱怨之一。家長說這句話時，言下之意是「我小孩不乖乖照我的意思去做」。問題不在於你兒子聽力不佳，而在於他不想要按照您說的去做。要引起小孩子的注意和讓他配合的方法有很多，本章裡的工具都適用。你也可以試試先前提過的工具，像是蹲下或彎身到他的高度再跟他說話、引導（不是使喚）他做事、建立睡前慣例表（設定計時器並用溫和且堅定的方式來落實，必要時把他帶到他的房間去）。你可能不相信，他的「不聽話」正合他意，因為這樣可讓父母一直在他身旁。當爸媽偶爾受不了而發飆時，可以好好道歉，請他讓你抱一抱，接著思考未來如何不再重蹈覆轍。

續不斷的督導。如果小孩要走向危險的地方，你可以安靜地牽起他的手，引導他到該去的地方。讓他知道他「能夠」做什麼，而不是不能做什麼。與其說「不行打小狗」，不如示範要怎麼輕柔撫摸狗來給他看。若你知道孩子對於「不行」的定義跟你不一樣的話，你就比較知道應該要採用轉移注意力、重新導向或其他尊重的正向教養策略了。

10. 接納孩子的獨特之處

每個孩子的發展狀況不同，專長也不一樣。期望孩子做他做不到的事情，只會搞得你們兩敗俱傷。你姐姐的孩子可能有辦法連續好幾個小時在餐廳裡乖乖坐好，但你的小孩幾分鐘就坐不住，你再用心準備也無濟於事（第九、十章將介紹適齡行為及氣質）。如果是這樣的話，那麼吃大餐的時候別帶孩子去，要不然就是等到小孩大到可以讓大家都一同好好享受，再參加大餐聚會。

你可以把自己當作是一名指導員，幫助小孩取得成功和學習如何做事。同時你也是個觀察員，要瞭解這個孩子的獨特之處。不要小看幼兒的能力，當你引進新的活動給他時，你不妨多多觀察，發掘他有興趣的事物，看哪些事情他自己做得來，哪些事情

需要你幫忙才能學會。

什麼是「暫停」

很多父母會使用所謂「暫停」這個方法，但很少人真正瞭解它的用意和運用的技巧。若你曾聽過大人對著不乖的孩子說：「夠了喔，去暫停區反省你自己做了什麼事。」或是「我數到一……二……」你可能會懷疑，暫停怎麼也算是正向教養的作法？

積極暫停（positive time-out）和「懲罰式」的暫停完全不同。積極暫停可以幫助孩童（甚至是大人）冷靜下來，一起解決問題。事實上，你難過或憤怒時，就無法使用大腦裡面思路清晰的區塊，所以暫停是很有用的教養工具，前提是要用積極正向的方式，而不是用懲罰的形式。同時，使用的目的在於教導、鼓勵和安撫。但對幼兒的暫停要注意以下幾點。①

- **不適用於未滿三歲半或四歲的孩童**。要是孩子還沒大到可以一同規劃暫停區域，那就還沒到使用這種作法的年紀。孩子要到兩歲半左右才能理解因果關係，發展出邏輯思考的能力（而且這是要不斷磨練的過程，就連大人都不見得駕輕就熟），在這之前，最有效的教養工具是督導和轉移注意力。就算等到孩子進入了理性思維的階段，他們也還沒有足夠的成熟度和判斷力來做出符合邏輯的判斷。許多父母會和個子只到自己膝蓋的小小孩激烈爭執，而且父母們都知道講道理、說教和爭論實在沒有用。你的小孩或許可以察覺到你的感受所散發出的能量，或許可以瞭解你想要達成某件事，甚至可能猜到那件事情是什麼。但是，他並不像你所預設的那樣，可以充分瞭解你要做之事的邏輯。

每當我們看到年紀很小的孩子被處罰去暫停區（但明明他的發育還無法瞭解其中用意），實在教人心疼。懲罰式的暫停會讓孩童更可能產生懷疑和羞愧，而不是健康正向的自主感（有關自主、懷疑及羞愧的重要資訊，請參見第八章）。

- **孩子要感受良好才能表現良好**。就連年紀很小的孩子，也可以因為「冷靜一下」

---

①積極暫停的更多資訊，可參考簡・尼爾森（Jane Nelsen）所著的《積極暫停和五十多種避免在家和在課堂上出現權力鬥爭的方式》（暫譯）（Positive Time-Out and Over 50 Ways to Avoid Power Struggles in the Home and the Classroom）

而獲益，尤其是你陪在他身邊一起冷靜的時候。有位媽媽因為自己的態度正確，因此使用「積極暫停」的時候，成效奇好。她會對孩子說：「要不要去躺躺軟枕頭呢？」有時孩子就會晃呀晃地去躺在枕頭上。要是他不太想，媽媽就會問：「我陪你一起過去嗎？」這位母親瞭解「積極暫停」的用意，是讓小孩感覺良好，孩子才能因此拿出好的表現，而不是讓小孩心情低落卻又期望這樣能提升他們的表現（根本不可能），或是「要他們想想自己做了什麼」（他們才想不出來）。

- **你的態度是重點**。比起他們自己做的事，孩子更注意的是你的所作所為（還有背後蘊含的情緒）。在〇到三歲這個階段，小孩需要很多引導，而且你不能期望他們能夠立刻吸收、使用剛學到的東西。多數情況下，未滿三歲的孩子並不適用積極暫停，除非有大人跟著做。有時只要一個擁抱，就是一種短暫的「暫停」，能讓大人小孩都較舒坦。

- **要和孩子一起打造能平復心情的空間**。要是你決定要對小孩使用積極暫停，請讓他一起幫忙，建造出安全、舒適的共處空間。只要一張常用的椅子，讓小孩坐在你的腿上，而你唱首安撫情緒的歌或朗讀一本書給他聽，這就是簡單的積極暫停區了。這可不是獎勵不當行為喔，而是理解到「控管情緒的技巧需要時間來磨練」。枕頭、動物布偶或是能緩和情緒的玩具都能產生效果。在小孩不滿三歲半前，以下這說法可能有用：「我們去你的安靜空間讀書或聽音樂吧。等到我們心情比較舒服再出來。」你的孩子可能還不明白暫停區的用意，但他可以感受到你話語背後的「氣場」或氛圍，並據以做出反應。②

- **創造自己的「靜一靜」空間**。當你覺得狀況超過負荷，可以說：「我要去我的專屬空間轉換心情，你想不想一起來呢？」孩子或許要一陣子之後才能理解這麼做的用意，但他終究會知道「靜一靜」對大家都好。

②可參考簡・尼爾森（Jane Nelsen）、艾許莉・威金森（Ashlee Wilkinson）及比爾・夏拉（Bill Schorr）共同著作的童書《傑瑞的冷靜太空》（Jared's Cool-Out Space），繁體中文將於2020年由遠流出版。看看傑瑞如何打造和運用他的「靜一靜空間」可以給你和孩子一些靈感！

．**不能只有積極暫停一招**。不管是何種教養工具，都沒辦法屢試不爽。沒有一種工具，或甚至三種、十種工具，能適用每個孩童的每種情境。在你的教養工具箱裡，經常新增健康、非懲罰性的替代方式，這樣能避免日後孩子挑戰你的時候（這種情況遲早會出現），你忍不住祭出懲罰措施。你懂的方法越多，應付零到三歲幼兒生活中的各種波折時越能感到自信。

媽媽喬治亞大大嘆了口氣，今天下午，兩歲的亞曼達已經第三次鬧脾氣了。她哥哥路克邀請朋友來家裡玩，讓亞曼達沒辦法像平常般安穩睡午覺。現在她心情暴躁，把喬治亞新買的雜誌撕到剩半本，接著往地上甩去。她態度強硬，和媽媽大眼瞪小眼。

喬治亞也是筋疲力盡，努力克制自己不要對小女兒說教。她深吸一口氣，問亞曼達：「要不要去專屬角落待一下，蓋小被被？」

亞曼達搖搖頭，坐在扯落的雜誌書頁紙堆中。

喬治亞提議道：「那，要玩娃娃屋嗎？」她伸手去牽亞曼達，帶她去玩她最愛的玩具。

亞曼達把手甩開，劇烈搖頭，在地板上扭來扭去。

媽媽又嘆了口氣，坐在女兒身旁。她心想：「這個嘛，育兒班還建議怎麼做？似乎是請孩子幫忙？」

媽媽站起身，對亞曼達擠出個笑容，用盡量溫和的語調說：「我要開始弄晚餐了，有人幫忙就太好了。妳看是要繼續躺在這裡休息，還是要和我一起進廚房，幫我洗洗萵苣。看妳囉。」說完後，喬治亞走進廚房。

接著，家庭休閒室地板傳來陣陣哼聲和亂踢的聲音，但不一會兒，廚房門邊就探出了一張滿是淚珠的小臉，亞曼達看著媽媽，而喬治亞只笑了笑，示意她到水槽那邊。

亞曼達受到鼓舞，就把小腳凳拉到水槽邊，把萵苣葉子浸到水中。爸爸回到家時，家裡已經恢復和諧的氣氛。媽媽幫亞曼達清理掉散落的雜誌，而媽媽、路克還有亞曼達三人一起同心協力鋪設好餐桌。媽媽很慶幸自己的教養工具箱中不只有積極暫停一招。

昨天對幼兒還管用的作法，往往今天就失靈了。要是你多花心思瞭解孩子，擁有各種教導和鼓勵的方法，那麼至少能有個辦法可行，但可能僅限今天。

- **務必記住孩子的發育階段和能力所及的範圍**。瞭解對特定年紀而言，哪些行為適齡與否，能讓你避免對孩子要求太高。

查克和蘇西夫妻倆七歲的女兒要在台上表演長笛獨奏，於是他們帶一歲半的雙胞胎兒子去參加音樂會。剛開始雙胞胎兄弟很入迷，但不到十分鐘他們就坐不住了，一個兒子鑽到座位底下，另個也跟著加入。查克把雙胞胎帶到外面教訓了一頓，他們大哭，無法回場內。查克因為錯過了女兒的獨奏而心情低落，女兒也很失望爸爸沒在場聽她演奏。蘇西和雙胞胎也因為挨打的事而難過，搞得全家都烏煙瘴氣。

雖然小孩常會出現不恰當的舉動，但那只不過是該年紀發展階段會有的行為，孩子為此而被處罰，實在令人心疼。我們本來就不能期望小朋友安靜久坐，但也不能放任孩子干擾到其他人。既然查克和蘇西沒有把雙胞胎托給保母，比較好的辦法是夫妻倆輪流帶小孩到外面，這樣他們都可以欣賞一部分的演奏。懲罰小孩並不妥當，分散他們的注意力會比較有用，像是帶著色筆組合給他們玩，或是帶繪本給他們看。這樣的預先規劃能讓小孩更可能表現得當。

愛要傳到對方心裡

我們在工作坊時，經常問家長為什麼希望小孩要「乖」。他們愣了一晌後回答說，他們愛孩子，孩子如果「乖」，以後才能成功，萬一被寵壞的話遲早會有苦頭吃。所以他們是以愛之名，去懲罰或獎賞孩子。但是，他們的小孩有感受到父母疼愛嗎？正向教養要做的，正是學習如何兼顧溫和與堅定，培養親子情感，同時教導孩子各種技能和恰當的行為。

非懲罰性教養工具再有效，使用的前提也還是要讓對方感受到愛、無條件的接納與歸屬感。請好好花時間抱抱孩子，對他們展露笑容，給他們溫暖的肢體接觸。孩子要感受良好才會表現良好，而要是在生活和學習人生課題時，孩子知道自己在這個世上有歸屬，感受到溫和又堅定的教導，那麼，他就能夠產生更佳感受。

想想看

1. 想想看，你的哪段人際關係有讓你感到歸屬感且獲得接納？是什麼因素讓你有這種感受？什麼狀況會阻礙你的歸屬感？現在想想，孩子的歸屬感是由什麼造就的？要是他能深切感受到與你之間的情感連結，他的行為會有何改變？

2. 回想某次小孩行為不當或「不聽話」的情景。讀完本章後，你能否想到要是當時用了什麼正向教養工具，就能翻轉情況？預想下次這種行為再度發生時你要怎麼做，並將你和孩子的改變記入日誌。

第六章

情緒技能與語言發展

你有沒有看過父親或母親把嬰兒抱在懷中，端詳他的臉龐，輕輕說著滿溢著愛的言語？這對嬰兒來講有什麼意義？他還聽不懂人話，怎能辨識情感？他眼前模糊的影像，要怎麼轉化成言語、思想和真正的溝通？你的嬰孩如何學會付出和接受愛？

情緒及情感連結

嬰兒和極年幼的孩子會辨讀非語言訊息、臉部表情及大人情緒散發出的能量，來瞭解人際關係。嬰兒無法完全掌握「愛」這個字蘊含的各種複雜意義和概念，但他會學習解讀周遭的世界。有些家庭中的情感連結、安全感或信任特別少；大多數的家庭裡，大人聽見嬰兒的哭聲或嬰兒用來引人注意的信號時，會做出回應，因此孩子可以享有信任以及情感連結。小嬰兒感受得到碰觸他的雙手溫柔撫摸著自己，對他說的話語柔和而充滿暖意；可以知道爸爸媽媽凝望著自己的雙眼，並不斷關注著自己（直到孩子別開視線來進行「自我安撫」為止，這是嬰兒與生俱來就有的能力，目的是要避開過度刺激）。他感受到大人在他羽絨般柔細的頭髮上又親又吻。他能辨識出熟悉的氣味，代表著特定人走近；他也能去感受這個支持自己新生命的愛的環境。這些事件都能把「愛」的感覺傳達給幼兒，幼兒也會用類似的感受和行為來加以回應。

幼兒第一年期間，大腦不斷產生連結，嬰兒和周遭世界的互動形塑著他的成長和發育。我們直覺想要對寶寶做的事，像是碰觸、輕戳、微笑和愛，就是能夠帶來健康和快樂的事，這不是很美妙嗎？

孩子能感受到情緒形成的氛圍

你傳達給孩子的非語言訊息，比你說出的話語還要有力量。幼童對非語言訊息極為敏銳。嬰兒會「搜尋到」人臉，並積極和身旁的大人尋求連結。媽媽餵奶時要是感到煩躁、疲累、暴躁，寶寶就會騷動、哭鬧，不能靜下來好好喝奶。就算只有幾週大的幼嬰，貼近

母親的胸懷時，也能察覺到她身體緊繃、手臂肌肉僵硬，並且聽見她心臟咚咚的聲音。

艾莉西亞和三週大的寶寶朱利安享受著安靜的早晨和下午時光。朱利安大多數時間都在睡覺，他清醒的時候，肚子餵飽了，尿布也換好了，滿足地看著母親在廚房做事。艾莉西亞很肯定寶寶轉瞬間露出的笑容不是錯覺。

然而，每天到了大約下午四點時，朱利安就會開始吵鬧。抱著他也沒辦法讓他安撫下來。難道是，母親此時忙著做晚餐，又要照顧剛放學到家的孩子，因此朱利安也察覺到她的感受？這解釋聽起來很合理，因為等到忙碌的傍晚時間結束，艾莉西亞放鬆下來時，寶寶也就平靜下來了。

營造冷靜的氣氛

家裡有個嬰幼兒，是件既美好又讓人不安的事。因為小小孩會直接跟著雙親的情緒狀態產生類似反應，要是你能夠放鬆、維持平靜，創造出充滿愛與信任的親子情感連結，就很有效果（不過有時候實在是難以做到）。你在適應新寶寶（還有寶寶適應你）的期間，可以簡化你們家大人的餐點，以便減緩緊張的氣氛，讓大家都覺得更愉悅、更健康。放慢步調，花些心力來觀察每位家庭成員的狀態，可讓你更能察覺到寶寶的心情和需求。

蔓卡辛苦工作一整天，如往常一樣趕到了托兒中心接年幼的兒子塔希爾，又急忙趕路回家，一到家就把塔希爾擺上兒童高座椅，給他一些點心。她通常比先生早到家，所以她馬上要預備晚餐。這段期間是母子最煎熬的時刻，塔希爾又吵又鬧，還把餅乾揮到地上去。蔓卡切菜時不小心切到手，又撒了太多調味料，等先生進家門，她已身心俱疲了。

先生桑德自己也不好過，回到家就聽見小寶寶大聲哭鬧，餐點要不是半生不熟，就是燒焦了，而且妻子整晚都在抱怨。他要走去抱抱塔希爾時，還踩到地板上的餅乾，看到這幕更是讓蔓卡心情好不起來。

有天晚上，桑德把沒煮透的蔬菜擺一邊，他看著餐桌旁疲憊不堪的妻子，於是討論起這一段痛苦的晚餐歷程。他展露感同身受的笑容，請蔓卡放心，還說他可以做三明治給母子倆吃，他只希望回家看見妻兒正處於輕鬆的狀態中。

蔓卡鬆了口氣。她說自己想要準備寶寶誕生前夫妻倆習慣的精緻晚餐，但又不堪這種壓力。次日傍晚，蔓卡帶著塔希爾回到家，把身上帶著的所有袋子、文件和玩具放下來，給塔希爾一個大大擁抱，在搖椅上和他相互依偎。接下來半小時內，母子倆就在椅子上玩搔癢癢的遊戲，咿咿呀呀說話，互視而笑。桑德走進家門時，看見塔希爾正在咯咯笑，爸爸也加入同樂，塔希爾更是開心不已。不久後，全家人一起邊吃烤起司三明治，搭配罐頭熱湯喝下肚。好久以來，食物嘗起來都沒有這麼美味過。

塔希爾和蔓卡最需要的是花時間來重新培養情感連結，而不是烹煮美食。蔓卡放慢腳步，在繁忙的工作結束後，留出時間把氣氛轉換到家人同聚的時光。這樣蔓卡能夠真正回應塔希爾的需求，先生也能分擔晚上的家務。家裡氣氛改善後，全家人都更和樂安康。

爆氣：情緒潰堤

每個人都有情緒感受。研究學者告訴我們，讓頭腦運作的能量系統是情緒，而非邏輯或理性。不過，情緒不是一種神祕難解的力量，它不會全面主導且造成棘手或丟臉的行為。情緒只是資訊，用來幫助每個人判斷要怎麼做才能維持健康與安全。不可否認，強烈的情緒很難處理。不管你喜不喜歡，所有幼兒都會鬧脾氣。你若瞭解為什麼會這樣以及如何應對，就能在最嚴峻的情緒風暴中，依舊沉著鎮定。

一家人正在逛賣場。兩歲的尼可一手拿著吃到剩下一口的餅乾，另一手拿著新買的蠟筆組，接著他看見了櫥窗裡的復活節兔子玩偶。他快速往前衝，手指著櫥窗，蠟筆噴了滿地。爸媽跟著他到櫥窗前，收好散落的蠟筆，親子一起觀賞兔子玩偶。不出所料，尼可也想要擁有一隻。他指著一隻水藍色的玩偶說：「小尼尼的兔兔！」他父母也贊同這些兔子很可愛，說改天可以考慮來買一隻。

尼可不滿意這個答覆，於是整個人跌坐在地上扭動，又是踢腿又是拍打，發出淒厲的哀嚎。爸爸站在幼小的尼可面前，怒斥說還不趕快給我站起來！媽媽看著周圍的人，覺得丟臉極了。小尼可亂踢時不小心一腳正中爸爸膝蓋，爸爸這時叫得比他還要大聲，此刻媽媽真希望能找個地洞鑽下去。人潮在旁睜大眼看著，心想他們真是糟糕的父母。

事實上，小尼可的父母一點也不糟糕，尼可也不糟。一開始一切都很順利，直到兔子出現才吵起來。小尼可的父母已經盡可能避免權力爭奪，他們已經給過他小禮物了，也對他的要求冷靜回覆。那麼，為什麼小尼可還是鬧脾氣呢？他是被寵壞的小鬼嗎？他欠揍嗎？最可能的答案是：沒特別原因，他就是想要某個東西，而且立刻就要拿到。他不明白「理性」、「務實」或「延遲的滿足」等概念。

鬧脾氣時總是吵鬧、顯眼，又丟臉（至少對大人來說是這樣）。鬧脾氣是很正常的事情。大人有的情感，幼兒也都有，他們也會感到悲傷、興奮和挫敗，但他們不知道怎麼用言語描述這些情感，也沒有處理的技巧（和控制衝動的能力）。事實上，負責情緒調節和自我冷靜的腦區（前額葉），一直到二十或二十五歲時才能完全發展成熟。**要是你回想一下，控制你自己的情緒有多麼困難，就不難想見小朋友很難辦到這一點**。

大人只要瞭解：當孩子的感受超過能負荷極限後，瞬間就會爆氣，那麼大人就可以停止自責。有時候不管你怎麼說、怎麼做，孩子還是會大發脾氣。此時大人就可以學習「不要跟著起舞」。記得我們說的鏡像神經元嗎？很不幸地，尼可的爸爸受到影響也發起脾氣來（這也是人之常情）。尼可的脾氣很快就會過去，但對正在把哭嚎的兒子扛回車上的父母來說，就可能需要更久的時間才能平復下來。

妥協不是辦法

你可能會想：「好吧，那要是遇到小孩爆氣，我該怎麼做？尤其是在公共場合。」舉白旗妥協或許能夠暫時停止鬧脾氣事件，但會造成長期的負面效果。

要是每次小孩使性子，你就妥協而照他的意思做，你覺得他會怎麼想？他會學到什

掌中腦

丹尼爾・席格（Danie Siegel）博士使用簡單又有創意的方法，來解釋人心情不好時腦中發生什麼事，還有為什麼要和小小孩解決問題時，第一步驟就是要冷靜下來。你可以在線上觀賞席格博士解釋《掌中腦》（暫譯）（https://www.youtube.com/watch?v=DD-lfP1FBFk），只要花兩分鐘，相當值得。

麼？我們猜，他會學到一種不好的生活技能，也就是使出渾身解數來讓其他人順他的意。他可能會想：「我得到了自己想要的東西，表示我受人疼愛。而我知道怎麼能讓人給我我想要的東西。」小孩遇到「管用」的方法，就會不斷重複使用。

記得，你做的事情，不如背後態度來的重要。所以，與其妥協，應該要按照早期育兒教父德瑞克斯的建議：「閉上嘴巴，實際動手。」你可以把不停尖叫的小孩抱起來帶到車上，過程中要冷靜、溫和且堅定，或許這表示你得先深呼吸幾次，讓自己冷靜下來才做得到。你可以讓孩子去感受他的情緒，你也可以對他表示同理，並把這些情緒歸類取名，讓他能開始瞭解這些情緒，像是可以說：「我們沒有買藍色兔子，讓你覺得非常失落。」

避免說教的原因有二：

1. 他腦袋裡滿溢著情緒時，沒辦法真正去「思考」。
2. 言語只會火上加油。
3. 靜默下來能避免二次情緒崩潰（指的是你自己崩潰）。

小孩冷靜到能聽你說話時，不要責罵他。和他一起練習呼吸吐納，給他時間，讓大腦重新啟動。認可他的感受。久而久之，他就能學會自己排解這些棘手的情緒。

自我冷靜的重要性

大腦學者說，當我們「完全失控」時（父母常會這樣），前額葉會「斷開連結」，此時我們只會接受到負責情緒和生理感官的腦區傳出的訊息。而且每個人都有鏡像神經元，所以憤怒和脾氣會相互傳染。沒有人在生氣時能拿出最佳表現。

處理自己或孩子的鬧脾氣事件時，首先要做的是冷靜下來。深呼吸，數到十。研究學者告訴我們，專注而冷靜的呼吸能讓腦部「整合」，也就是重新連接，恢復清楚思考和尋

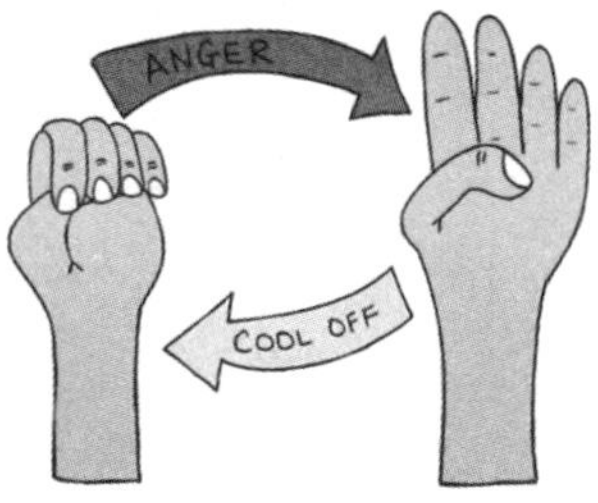

求解決辦法的能力。等你好好靜下來之後，也幫助孩子做同樣的事。他真的需要你的協助，因為他還要等很久，才能駕馭情緒調節的技巧。

幫孩子冷靜下來

零到三歲的孩子沒有能力來辨識、管理自己的情緒，若你因他們缺乏這種能力而懲罰他們，既不公平又沒有效果。要是孩子已經超過三歲，或許可以用「積極暫停」的方法（參看前一章）教導他在生氣或不高興時如何冷靜下來。

對於不到三歲的幼童，先把重點放在安撫他，再來處理問題。輕柔撫觸、韻律呼吸或是輕音樂都可能幫助他回復過來。你也可以讓他感受情緒，直到情緒消散為止，而不要試圖加力改正這些情緒。要是你夠冷靜，可以坐在他身邊，不要介入，傳遞出愛的能量就好。記得，目的是要幫助他平靜下來，不是要懲罰他或是要他「反省自己的所作所為」。

有一對夫妻想要安撫小女兒，走一走、唱唱歌和摸摸頭都用上了，但寶寶卻是哭得更厲害。夫妻倆把小孩放下來後，她情緒才緩和下來，再哭個一兩分鐘就會放鬆睡著。夫妻倆立意良好的刺激，其實只是延長寶寶的不安情緒。她真正需要的是獨處時間。

記得，嬰兒啼哭是種溝通的方式，並「不是」不當行為。父母都該學會解讀小孩傳遞出的訊息。哭泣不一定每次都表示同樣的意思，所以回應哭泣並不等同於對負面行為施加正增強效果。有時候恰當的回應就是讓小孩透過哭泣來宣洩情緒。父母慢慢會瞭解孩子哭泣的意涵，而這可能取決於整體氣氛，還有小孩感受到的歸屬感。

先確保小孩安全健康後，再決定要不要採取什麼行動。只要小小孩能在安全且可獲得回應的環境中多多練習，就能更快學會管理好情緒。

寶寶故意去撞頭怎麼辦？

問：我有三個女兒，分別是五歲、三歲和兩歲。我正在煩惱要怎樣才能讓兩歲的女兒不要亂發脾氣或傷到自己。我已經試過不去理會她使性子。可是，如果她得不到自己想要的，就會整個人癱在地上，用頭撞地板，有時撞得很大力，我不知道該怎麼辦，請幫幫忙。

答：發脾氣、撞頭、故意憋氣不呼吸，都是幼兒不順心時常會做的事情。這些看在父母眼裡，實在不安。有時這些行為是小孩宣洩挫敗感的方法。你兩歲女兒已經發現這些行為「有用」，亦即能得到她覺得自己需要的東西，也就是她要的物品或是引起您的注意和介入。兩歲小孩正在發展自主能力，想要有權利自己做決定，只不過他們還沒有這麼做的適當技巧。

平息風暴：狂怒期間的應急方式

家長和照護者要怎麼幫助小孩度過鬧脾氣時期呢？以下提供幾項建議：

- 自己先冷靜下來。以身作則最有效，而且冷靜的時候比較能好好回應小孩的激烈情緒。花點時間來深呼吸。確認小孩安全後，請暫時離開來整理你的情緒，看如何能維持溫和堅定，就盡量去做。
- 安全和風險控制。幼兒難免發脾氣，但可以避免弄壞東西或是讓他受傷。可以把孩子移到安全的地點，若在公共場合，可以去到比較有隱私的角落。不用吼叫或說教，鎮定地把小孩會亂丟或是可能弄壞的東西移出他可碰到的範圍。
- 不要用獎賞來「解決」脾氣或是哄小孩。給小孩他吵著要的東西，會讓他學會使性子就能達成目的。記得，小孩鬧脾氣是很正常的，但向他妥協只會讓他更常鬧脾氣。維持溫和、鎮定和堅定，等風暴平息下來吧。
- 避免過度糾結於小孩的行為。鬧脾氣其實並非針對誰。記得，你的小孩不是「壞孩子」或心懷惡意，只是缺乏完全控制情緒的能力。

若你擔心女兒會因為撞到堅硬物體受傷，不用說任何話，把她抱起來，放到較柔軟的地方（地毯、床上、枕頭）。你可以說：「我也想和妳一起想辦法，但妳現在這麼難過，我們還沒辦法談。」（她可能不瞭解這番話，但可用平靜語氣把意念傳達給她）。接著，讓她知道她平靜下來後歡迎去找你。確保她待在安全的地方，你也深呼吸個幾次，讓自己冷靜下來。這需要一些時間，但只要能保持溫和且堅定，她就會明白用發脾氣、眼淚攻勢和其他威脅也沒辦法讓你讓步。

積極傾聽：幫感受取名

孩童不斷用非語言的方式傳達訊息。臉部表情、手勢和行為，這些都是線索，在旁的成人可以用來瞭解小孩的感受。一歲半的孩子沒辦法告訴你：「我因為拿不到餅乾罐，所以覺得很累、疑惑又灰心。」他的語言能力不足以表達這麼複雜的一系列思緒和感受，你只會聽見哀嚎和尖叫，看見他把玩具扔在地上，臉揪成一團，且小小的身軀癱倒在地板上。

有時父母自己也很挫敗，因而講出嚴厲的言詞，這點可以理解。但父母也可以選擇幫

暴風雨後的寧靜：發完脾氣如何善後

小孩鬧完脾氣後，可以嘗試以下作法：

- 讓情緒沉澱。給小孩安靜時間，靜下來調整呼吸。輕聲和他談發生了什麼事，並且向他保證，即使他的所做的行為不當，你還是非常愛他。
- 重建情感連結。經過這種強烈的情緒風暴後，孩童可能需要擁抱。小孩鬧脾氣時宣洩出超過他能負荷的情緒，接著會流淚和擤鼻涕。用不發一語的擁抱來安撫他，可以讓你們倆都感覺較舒服。
- 協助小孩修補。冷靜下來後，就要處理造成的損壞。扔出去的東西撿回來，撕碎的紙張清理好，枕頭擺回床上。大人可以提議幫小孩一起做這些事情，也可以協助小孩修復其他的損傷，像是壞掉的玩具。要瞭解小孩的能力和發育狀況，不要期盼他做不到的事，但可以讓他擠擠黏膠、用吸塵器，或是在撕破的書上黏貼上膠條，這樣可以讓他感受到重新獲得自我控制感，並且讓他學習修補問題的真正辦法。
- 原諒與釋懷，並且防患未然。脾氣鬧完後，混亂也收拾好，就放下吧。把心思放在你們之間的關係上。要是可以的話，也多去瞭解造成這次鬧脾氣事件的因素。事前預防是處理小孩情緒爆發的最佳方式。小孩子會鬧脾氣可能是因為沒睡好午覺、飢餓、到了陌生環境，或是面對心力交瘁的大人。理解孩子的性情和日常節奏，能讓你們減少情緒爆發的次數（不過可能無法全數避免）。

助小孩子理解感受，給這些感受命名，讓孩子以後更容易辨識這些感受，並且打開一條道路，讓他解決未來的問題。

媽媽可以這麼說：「我看得出來你很灰心，因為沒辦法拿到餅乾罐。如果我有做不到的事情，也會很挫折。我們一起來想想辦法吧。」一旦小孩的情感獲得命名、認可和理解，他通常會感覺好一點，並且更願意設法解決問題。這個例子中，母子想到可以把餅乾罐擺在櫃子較低層的位置，這樣就比較好拿，他們也決定要把餅乾罐裡放健康的點心。你說的話，孩子或許不會每次都聽進去或者回應，但說出來可以讓你改變態度。

記得，孩子並非一出生就有足夠的詞彙來表達他的情緒和感受，他可能也不完全瞭解自己有什麼感受。**「積極傾聽」（留意到孩子的感受，且冷靜、明確地說出他的感受）這個技能很重要，可以教導孩子管控他的情緒以及行為**。就算孩子年紀還小，還無法瞭解這些言語本身的意思，但你講出這些話時等於是提供一些線索，幫助他瞭解這個時常讓把人搞糊塗的情感世界。總有一天，他會有能力把自己的情緒連結到你所說的話語，不再需要誇張演出，或至少可以不用這麼頻繁上演。

性別與情緒識讀力

女孩子習得社交、語言和情意技能的速度通常比男生快（原因尚不清楚）。男生較容易難過，比較難以安撫。此外，許多文化中對於情緒的要求，使得男孩子更難辨識和管控自己的情感。

多位學者如波洛克（William Pollock）、金德倫（Dan Kindlon）和湯普森（Michael Thompson）注意到，社會預期女孩子會哭、會笑、會顯露情感，但可能有意無意讓男孩覺得公開表達悲傷、恐懼或是孤獨等情緒，是一種「軟弱」的表現。男生跌跤或受傷時，常會聽到別人說「沒事沒事」，但他們明明就覺得很有事。另一方面，女孩跌跤或受傷時比較容易獲得擁抱或安慰。

研究也顯示，父母較常和女兒談論情感，但較少和兒子談。事實上，許多父母就連一般話題都較常和女兒談，每天和女兒講到的話比和兒子說的多（孩子每日聽到多少字，對他日後學習很重要）。小男孩若無足夠的指引和鼓勵，以後就會覺得表露情感是「不對」的事情。

值得注意的是，雖然人腦有些性別上差異，但情緒敏感度並無性別差異，男生和女生的感受是一樣的，同樣需要學習對情緒的意識和控管技能。金德倫和湯普森把這個稱為「情緒識讀力／情緒素養」（emotional literacy），並且認為，男孩子較容易在青少年時期爆發憂鬱、吸毒、酗酒、輟學和自殺，其中一項因

素正可能是因為他們無法好好辨識和表達情緒。這也是為什麼青少年和成年男性較易憤怒。請記住，擁抱、碰觸和談論感情，不會讓你的兒子變「弱」。這些作法可以讓他成為健康的少年。請練習積極傾聽，並多在對話裡使用「情感用語」。等幼小的兒子長大時，你也該教導他如何理解自身的感受，並且選擇尊重、適當的行為。①

憤怒和反抗行為

或許最讓父母擔憂的情緒，就是孩子的憤怒。幼兒表達憤怒的方式常讓父母憂心，像是大發脾氣、丟東西、吼叫、打、踢或咬（孩子還不善於表達怒氣或挫敗感，因此啃咬是很常見的行為）。所有人都有感受，而且是各式各樣的感受。而不管大人或小孩，都需要能夠表達和理解自身感受的方法。

這表示父母允許孩子打人、吼叫或踢人的洩憤方式嗎？當然不是。會傷人傷己的動作都不是恰當的情感表達方法。家長和老師可以努力進小孩子的世界，瞭解這個世界，練習積極聆聽來同理並釐清孩子的感受，接著就能教導孩子用適當的方法表達憤怒（說不定還會發現，孩子的確有理由生氣呢）。

小孩會透過觀察大人來學習。父母處理強烈情緒時，可以冷靜站著，深呼吸幾口氣，不要直接隨著引發不快的事件起舞。小孩作勢打人的話，父母不要以暴制暴；小孩有不當行為時，父母可以走到小孩身邊，蹲下或彎身到他的視線來請他停止，不要在遠處嘶吼，把聲音傳遍了全家。以上這些作法都能成為小孩的榜樣。

孩子學習到憤怒情緒的方式有：

- 看大人生氣時的行為
- 經歷他人生氣時對待自己的方式
- 學習辨識內心對憤怒的感受

人很容易以怒還怒，互相怒吼，叫小孩去做懲罰式的暫停，或是要「改正」生氣的小孩。這些回應方式只會讓衝突越演越烈，並且把原本能用來教導、理解或是找出解決辦法的機會給摧毀掉，過程中父母做出不良示範，完全違反自己想傳授的理念。要是父母控制

①請參考金德倫（Dan Kindlon）和湯普森（Michael Thompson）共同著作的《該隱的印記》（Raising Cain: Protecting the Emotional Life of Boys）以及雪柔·埃爾溫（Cheryl Erwin）的《養育男孩的家長指南》（暫譯）（Parent's Guide to Raising Boys）

小孩生氣時要怎麼回應？

- 用文字來歸類小孩的感受。
- 認可他的感受。
- 提供恰當的方式讓小孩表達感受。

不住自己的情緒，更無法教導小孩子控制情緒。記得，你的小小孩不像你一樣瞭解憤怒，他需要你幫忙才能辨識出感受，學習用適當的方式來控管、表達這些感受。那麼，家長和照護者要如何幫助生氣中的孩子呢？。

用文字來歸類小孩的感受

用鎮定的語氣，並且把小孩子的感受「反映」出來讓他知道。你可以說：「哇，你看起來很生氣喔，我看到你的下巴抬起來，眉毛皺成一團，還握緊了拳頭。」說出這些線索可以幫助小孩把他的動作連結到他的感受。想當然爾，真正的理解需要花時間，但任何時候開始都不算遲。

認可他的感受

情緒在孩童腦部的深處形成，他不是自己「選擇」要有這些情緒的，而且也沒有所謂「錯誤」的感受——這一點連許多成人自己都不懂。你的孩子會因為許多理由而產生感受，可以教導他：有什麼感受都沒關係，但有些行為是不能做的。可以說：「生氣沒有關係，是我的話也會很生氣。但是不可以打我或是傷害你自己。要怎麼做才能讓你覺得比較舒服呢？」切記，我們通常在「感覺」良好時才能「表現」良好。現在學會辨別和管控情緒，能讓孩子終生受用無窮。

提供恰當的方式讓小孩表達感受

小朋友發怒時，可以做哪些事來管控怒氣？或許可以學恐龍嘶吼、拿起畫筆在紙上塗鴉、到後院跑一跑，或是捏團陶土。實際的動作能為情緒提供宣洩管道。父母會發現，孩子使用健康的方式抒發，怒氣會比較快消散。事實上，前一刻孩子還怒氣衝天，下一刻就自己玩起來了（揍枕頭或是捶打物品可能讓他越打越氣，不能熄滅怒火。使用這種方法時，要多留心小孩會學到什麼事情）。

我們的各種感官也能帶來鎮定的效果。深呼吸、聞聞花香、聽輕音樂、撫摸軟綿綿的泰迪熊，或是在澡盆裡潑潑水都有平復的效果。

「小被被」和其他帶來安心感的物品

有一種配件常和幼兒的感受緊密關聯，那就是安全被毯。連環漫畫《史努比》裡的人物角色奈勒斯（Linus）隨時隨地都帶著自己的被毯，甚至會拿來對付難搞的姊姊。孩子們常會依賴被毯、最愛的布偶或是幻想中的朋友來感到安心，而且常搞得父母擔心，再這樣下去是否不妙。

仔細想一下，其實不難理解我們所在的世界會讓年幼的孩子感到多麼驚恐。小孩子對小被被的依附感可能很強烈，因為上頭有著特殊的觸感和氣味，而且小孩通常會知道有人想把他最愛的物品拿走。許多父母都遇過這種狀況，也就是把熊娃娃或是小被被忘在賣場或是旅館，接著必須帶著哭天搶地的孩子趕回去拿。

孩子的不安及恐懼感受，其實和其他情緒並沒有什麼不同（雖然會搞得父母很煩），只要能積極傾聽、溫情和理解的態度就能解決。要是抱著特別的被毯或是布偶睡覺能讓小孩覺得舒適放鬆，那也很好啊。

有些孩子沒有抱著小被被或布偶的習慣，而比較喜歡吸拇指或奶嘴。有的媽媽以為只要讓孩子喝足夠的母奶，孩子就不會一直吸拇指。但未必如此。可以考慮使用奶嘴，它能滿足小孩子吸吮的需求，而且能在孩子難過或感到壓力時，給予安心的感覺。有些好像已經戒掉吸拇指或奶嘴的孩子，因為搬家、換了托兒環境或是照護者，或生活中出現重大改動，可能又會故態復萌。

許多家長懷疑吸拇指或是用奶嘴是否恰當，尤其是在孩子漸漸長大後。美國小兒科醫學會建議未滿周歲的孩童可在白天休息或晚上睡覺時使用奶嘴。研究顯示，使用奶嘴可以降低嬰兒猝死症（Sudden Infant Death Syndrome，SIDS）的風險。該會特別提到，在哺乳習慣還沒穩定前，不要使用奶嘴，而且要是孩子抗拒奶嘴的話，也不要逼他。

只要在五歲時停用奶嘴，通常對牙齒造成的影響都可以恢復。要是對於小孩吸吮需求，特別是在牙齒和口腔方面有疑慮，可以諮詢兒童牙醫來卸除心中的恐懼。一般而言，大人越不要大驚小怪，這個問題就越能夠迎刃而解。小孩一面長大，通常願意只在睡覺和休息時使用安心物品，尤其是擁有父母理解和接納的情況下。而且就算沒特別去管他們，多數孩子在六歲時也會自動改掉用小被被或是奶嘴的習慣。

戒掉奶嘴

問：要怎麼讓我兩歲半和四歲半的小孩停用奶嘴？我以前沒管這件事，因為我知道這樣可以讓他們覺得自在，反正也沒有害處。但是我今天帶大兒子去看牙齒，因為他上下排牙齒咬合不良，影響到說話和牙齒健康，結果牙醫說用奶嘴會讓情況惡化。

所以我覺得該讓他戒奶嘴了。我想要盡量用最和善尊重的方式來處理。我想也讓弟弟一併戒掉，不然哥哥看到弟弟還能用小嘴嘴，一定會感到不是滋味。

答：有些家長發現，其實可以直接「棄用」小嘴嘴，小孩不會因此活不下去，而孩童也確實能安然度過。讓小孩體驗到輕微的「苦頭」（但不是「故意要他們受苦」），能培養出「接受失落感的能力」，並讓他們從經驗中學到受挫後還是能重新站起的韌性。長期而言，這能讓孩子感到自己更有能力。您可以和孩子談談小嘴嘴對他的不良影響，並擬定計劃戒掉奶嘴。②

幾週後，這位媽媽跟我說：「結果我坐下來和哥哥好好談談，問他想要怎樣和小嘴嘴道別。他立刻就說要把所有奶嘴蒐集起來，清洗後放入密封袋給阿姨，等她生寶寶時就能用上。他好貼心！所以我們就這麼做了，他弟弟也如法炮製。下午和晚上時孩子有稍微哀嚎抱怨，但我安撫他們就都沒事了。過程其實滿平和的。今早哥哥跟我說：「我就知道我辦得到！」

另一位母親說：「我女兒的小被被整個都裂開了，只剩下幾條線。她覺得要把碎片收集起來很麻煩，所以小被被就安安靜靜扔了。我有把幾片碎布蒐集起來，捨不得丟掉，想說以後把這些碎布縫入給孫子的被單。」孩子都不想要小被被了，媽媽竟然捨不得，要保留一小片當作紀念，真是驚人。

語言技能與溝通

多數家長都迫不及待想聽見孩子開口說話，想向親朋好友分享，把寶寶的第一句話紀錄到成長簿和日誌裡。父母聽到小孩的牙牙學語，常會心一笑。等到孩子能把話說到清楚

②短片《推一把》（暫譯）（The Push）或許能幫助大家瞭解這個概念，請至www.eaglesneedapush.com 觀賞。

易懂，父母更是欣喜萬分。

寶寶通常要到六、七個月大，才能開始理解話語的意涵，而且多數寶寶要到十到十八個月才會開始說話。但嬰兒更早就懂得把頭轉向熟悉的聲音、對爸媽微笑，或是伸手碰觸他最親近的人。幼兒還無法表達情感與想法時，和他們溝通往往很挫折，其實對孩子來說，也是很灰心呢！

每個孩童語言習得速度都不同（其他的技能也是）。要是你的孩子能理解外界狀況，且能適當回應，大概就沒什麼問題。如果你擔心小朋友的語言發展，可找小兒科醫師談談。有些孩童確實在語音和語言上較慢，請專業語言治療師來治療會有很大的幫助。

孩童語言要學得好，最好的方式就是常聽人對他說話，且有充分機會應答。全世界的父母都會對新生兒講哄小孩的寶寶語，這種本能反應能讓寶寶接觸母語中的各種發音，並且幫助他把這些聲音和嘴唇動作相連結。

在逛賣場時不斷講話，像是說蘋果很鮮紅漂亮啦，花生醬是不是快要用完啦，或是今晚要不要吃鮭魚啦，這麼做不表示你期望四個月大的孩子能快點負責採買。這種對話是讓他熟悉語言，等時機成熟時他就能自己複述，就像是古老的童謠可教導孩子辨識節奏和聲音。小朋友一直問「為什麼」時，也要不厭其煩耐心回答。一位被三歲孩子問到累壞的母親很有心得地說道：「小男孩就是這樣學習的！」

說話的重要性

語言，也就是你所說出的言語，以及你說的方式，都會型塑你的思想。多數學者相信，習得語言技巧對於思考、解決問題和記憶提取的能力都至關重要。很可惜，教育家和學者擔心現代人善用語言（及批判性思考）的能力不斷下滑。為什麼會這樣？

元凶大概就是我們繁忙緊湊的生活步調，以及父母在親子相處時間的作為。全家坐著閱讀或彼此交談的時間太少了，父母忙著做晚餐、做家事或是工作時，往往把孩童放在行動裝置或電視機前。孩童或許學會了卡通主題曲，或許能辨識字母和數字，但並不能夠靠看螢幕來學語言。**要培養語言技能，需要情感連結、關注和用真實對話來互動。**

常常，成人對小孩說的話都是在下命令，幼兒往往只聽見「穿好睡衣褲」、「快吃晚餐」或是「不要打妹妹」。而孩童白天時間多半在托兒中心，忙碌的照護者希望孩子安靜乖乖配合，沒時間讓他們慢慢萌生語言技巧。

教導語言

許多家長認為，「以後」有的是機會教導孩子語言技能，但多數的語言學習歷程都在孩童的前三年發生。家長和照護者該怎麼做，才能讓小小孩現在就獲得最佳語言學習機會，在未來就學順利？

跟孩子說話

多數家長憑本能就知道嬰幼兒需要哪些口頭遊戲。文字遊戲、童謠和簡單的曲調都是

如何鼓勵語言發展？

- 跟孩子說話。
- 鼓勵孩子「回話」。
- 多朗讀書。
- 盡量關閉科技產品。

能讓寶寶熟悉語言奧秘的好方法。請讓孩子聽見你說話的聲音，經常對他們說話，還有唱老童謠。你說的內容其實沒有很重要，重點是要給孩子機會去嘗試使用聲音和字詞。孩子稍大後，講故事是個絕佳方式，可以讓他跟隨情節發展、學習字詞的意義，擴展他們把言語化為畫面以及想像的能力，這些都是為未來學習和就學準備的關鍵。

鼓勵孩子「回話」

這裡說的回話，並不是「頂嘴」。務必要讓小孩有機會對你、其他大人和小朋友說話。起初，孩童的「說話」只有製造聲音，講出單一字詞和比手勢，但只要你多多鼓勵他們（「是什麼」和「怎麼樣／如何」的問句都很有助益），他們說話以及傳達想法和感受的能力就會增強。成人（和哥哥姐姐）有時對幼兒沒什麼耐心，急著幫他們講完剩下的話，或是預測他們的需求。請盡可能拿出包容心，給小小孩時間和空間來溝通。

為孩子朗讀

對幼兒朗讀大概是最有效的方法了。就連小寶寶也可以在你的膝上看著彩色的厚紙板童書，而且幼兒也很喜歡擠在爸媽身邊讀故事。你朗誦時，可以透過聲音和音效來演活角色，並且鼓勵小孩也這麼做。可以朗讀一些文字較多的書，鼓勵小孩發揮自己的想像力來搭配你念出的字，或是一起創造出獨一無二的故事。說說你自己的親身經歷，或是講述民俗故事，也能培育幼兒的語言技巧，並且加深和孩子的連結。

閱讀可以是幼兒一整天最喜愛的一段時間。幼兒常常迫不及待想要沉浸在書本的世界裡。三歲的凱文有一天對媽媽「念出」一本他最愛的貝貝熊故事，讓媽媽驚訝不已。凱文記住了故事中的言詞、聲音還有要翻頁的時機。芭芭拉十三個月大的時候，有次她最親的阿姨抱著她一起閱讀一本有關花的書，芭芭拉仔細看著圖片，竟然捧起書湊近自己的鼻子來嗅聞一番。芭芭拉看到書中的花朵圖片，居然能聯想到真實花朵的香氣，讓阿姨讚嘆不已。

孩子較大時，可以和他分享你這年紀時喜愛的書，或是其他小孩喜歡哪些書。③讓親子共讀成為睡前慣例吧。許多父母發現這個舒適的慣例活動，使得親子時光更溫馨、緊密。

盡量關閉科技產品

電視、應用程式和遊戲可能會改變孩童腦部作用的方式，而長期暴露於電視的背景噪

我小孩沒問題嗎？

家長往往是最能判斷自己小孩發展狀況的人。許多發育遲緩和失調的問題，若有早期介入則治療效果較佳。因此不要忽視你的直覺和你的擔憂，特別是在孩子的前三年（特教訊息請見第二十章）。舉例來說，近年來自閉和自閉相關病症的發生率急遽上升④溝通、語言和情緒發展都可能提供孩童發育的重要線索。雖然只有專業醫師能進行診斷，⑤但以下的問題能幫助你判斷孩子是否需要協助：

- 孩子能辨識出熟悉的臉龐並產生反應嗎？
- 他會用手指頭指向某些物品或是拿東西給你看嗎？
- 你叫小孩名字時，他會轉向你嗎？
- 他會不會模仿你的動作、手勢和面部表情？
- 他會和你相互對視嗎？
- 你的孩子會關注其他孩童、人物或是物品？
- 他會回應你的笑容，摟抱動作和手勢嗎？
- 你的小孩會搖擺身體、蹦蹦跳跳，而不是長時間發呆放空？
- 你的小孩會要你注意他做的事嗎？
- 你的小孩通常會堅持按慣例、從事可預期的活動或是要求特定物品嗎？

每個孩童出現這些反應的年紀不一，但要是以上好多題的答案都是肯定的，那就沒有什麼好擔心的了。若有太多否定的答案，且孩子似乎沒有什麼進展，就要和醫師談一談。雖然出現「症狀」不一定表示有問題，但及早介入還是不可或缺。要是你懷疑小孩的發育比預期慢，或是沒辦法和負責照顧他的人產生情感連結，那就要趕緊連絡小兒科醫師。

音下也可能會延緩小孩言語發育。美國小兒科醫學會（AAP）建議盡可能少讓未滿兩歲的兒童接觸電子媒體螢幕。

也別忘了，多數的語言和情緒發展都會自然而然發生，**只要家長和照護者花時間和孩子一起玩耍和談話就行**。深呼口氣、放輕鬆，好好提醒自己要享受這幾年。開始行動永遠不嫌太晚，也不嫌太早。

想想看

1. 孩子最近一次在公共場合鬧脾氣，是什麼場景？當時你心中最關切的是「有沒有哪些技巧可以幫助孩子鎮定下來，學習管控他的情緒」，還是「旁人怎麼看我啊」？寫下小孩情緒爆發對你的影響，以及下一次要怎麼做才能維持冷靜，拿出有效措施

2. 幼兒對視覺的敏銳度超過語音，所以圖表和圖片能成為相當有用的工具。請製作出一個「憤怒選擇盤」，要是孩子年紀夠大的話就讓他也一起參與製作，這樣能幫助他自我安撫。畫出一個簡單的圓餅圖，區分成六或八塊，每一塊裡描繪出一件「生氣或不高興時可幫助孩子平靜、感到比較舒服」的事。這裡提供一些建議：玩水、抱抱安心物品、聽有聲書等。請他一起幫輪盤著色，或撒金粉來裝飾，接著張貼在顯眼的地方。要是小孩生氣

或難過，請他看看這張圖，並選擇一種方法來抒發。

3. 沒有人喜歡被使喚，你的小孩也不例外。練習把指示和命令（去刷牙、穿好外套、把玩具收拾好）改成問句：要做什麼牙齒才不會黏黏的？要穿上什麼出門才不會冷？吃東西前要先做什麼事？這種講法所傳達的訊息相同，但問句能引發孩童思考，且常能獲得比命令句較佳的反應。來試試看效果吧！

4. 把感受用日誌記下來。你是否認為，有些感受是沒問題的，但有些不行？你覺得兒子或女兒不應該擁有哪些感受？你從自己父母及長輩身上，學到哪些有關男生、女生與情緒感受的事情？教導小孩時，有哪些事情是你想要改變的？

---

③男童不一定喜歡書，未必喜歡女性照護者幫他們選的書。這裡有不少小男生喜愛的書：www.guysread.com

④根據美國疾病管制及預防中心於二〇一四年發布的研究，每六十八名新生兒中，就有一名患有自閉症。

⑤若需幼兒發展的逐月或逐年重要成就里程碑清單，可至 www.cdc.gov/ncbddd/actearly/milestones 免費下載。

第七章

信任 vs. 不信任

學者艾瑞克森在他關於情緒發展的開創性著作中（見第三章註釋，他的這部作品得到多份研究的支持），提出幾項人人必須精熟的關鍵任務。第一項關鍵任務就是信任與不信任感。孩子出生第一年起就開始發展信任／不信任，嬰兒若知道他的基本需求都會始終如一獲得滿足，且過程中得到關愛，就會發展出信任感。而基本需求包括適宜的營養、舒適的溫度、乾淨的尿布、充足的睡眠，以及經常受人碰觸、抱起來和親密的摟擁。

要注意的是，信任感並非在人生的第一年獲得滿足之後，以後就永遠感到滿足了，這點和其他的發育階段任務是一樣的。未來很多年間，你們親子共同面對挑戰的同時，信任感也會多次累積、擴展。然而，不信任感則會形成一堵牆，將來要克服會相當艱辛——但也不是不可能。因此我們必須瞭解，「如何幫助小孩發展出信任感」，其實是一件非常重要的事。

許多父母不知道要怎麼拿捏「照顧嬰兒需求」和「寵孩子」之間的界線，加上各種不同的說法，例如要「嚴格管控寶寶，是他闖入了你家，你不必大幅改變原本的生活」，或是「忘了自己的生活吧，改以寶寶為中心，他會有各種需求，哭鬧也難免」。這兩種極端都不太可能行得通。若想在你的生活和寶寶這兩者間求取平衡，關鍵因素就在於瞭解「要讓孩子發展出信任感，而非不信任感」這件事的重要性。

要是寶寶受到疏忽（意即食物、撫慰和關愛的肢體接觸等基本需求未能獲得滿足），會對生命產生不信任感，我們現在把這種情感模式稱為「非安全依附」。受到極度寵溺的寶寶也會產生不信任感，這點或許令你驚訝，因為他從來都不用磨練耐心，不必學習靠著自己。所以最好的作法就是取得一種健全的平衡，其實很多教養原則都是這樣的。

未滿周歲前符合發育階段的行為

當我們處理幼兒行為問題時，如果想要達成正面的成果，就得知道什麼是「符合孩子發育階段」的行為。這個詞是指孩子在特定年齡階段，出現的典型特徵及行為。你越瞭解孩子的身心及智能發展，就越能知道哪些行為符合他的發育階段，並且更能進入孩子的世界，更有可能影響孩子的早期判斷和行為。

嬰兒能寵嗎？

嬰兒剛剛出生，總會有人告誡父母：「不要每次寶寶一哭就去抱他，這樣會把他寵壞！」但是，大多數家長對於讓孩子一直哭，還是會有點不安，尤其是他哭個不停的話。要怎麼判斷何時該擁抱寶寶，以及何時要讓他自己摸索人生？

孩子發展出信任感並擁有安全型依附，代表他相信「不管發生什麼事，我都受到疼愛，這裡有我的一席之地」。在嬰兒剛出生的前幾週，父母還在手忙腳亂，但是此刻最重要的任務就是讓寶寶發展出信任感，這點比其他一切任務更重要，請你一定要回應寶寶的啼哭和他發出的訊號，同時判斷他是餓了、尿布濕了還是需要安撫。他正透過觀察你怎麼回應他的行動，來判斷哪些事情「管用」（這是從他這位年紀還很小、還不成熟、還缺乏技能

的小寶寶的立場來看的）。新生兒需要你不斷給予回應、愛、安撫以及照顧。

嬰兒一歲之前，會開始形成對他自己、對他人的觀點，還有要如何得到他們自認為需要的東西（也有人主張嬰兒還在媽媽肚子裡的時候就已經開始了這個過程）。在這個階段，寶寶可能學會透過哭的方式來引起注意。有欲求、想引起注意，這件事並沒有什麼錯，但你可以採用一個簡單的方式判斷：要是你覺得受到情緒操縱，那麼很有可能真的是那樣！

要是家長沒有穩定地回應寶寶傳遞出的訊號，寶寶就可能覺得自己不屬於這裡，不能相信生命中的大人。這可能會危害到孩子未來的依附感（依附感對社交、情緒和智力發展都很重要）。若父母太寵幼兒，每次小小的哭鬧就把他抱起來哄，從未讓他好好體驗自己的感受或是學著自我安撫，嬰兒可能會覺得最好的生活方式就是讓其他人為自己做事。其實時間久了，你就比較容易發現如何回應你的寶寶，但是請記住：他也需要時間和空間來磨練技能。孩子在啼哭當然很煩，但也要不了命。讓寶寶稍微鬧一下也不表示你育兒無方。你最重要的功課就是真正瞭解你的孩子，不過如果你對情況有懷疑，保險起見你寧願多培養依附感，等到孩子發展出語言技巧時，再好好處理艱難的「戒斷」過程。

艾麗莎很疼愛她四個月大的寶寶馬修，也很喜歡抱著他，但不想要被這個迷人的小傢伙給情感操縱，因此採用了婆婆的建議，讓寶寶「好好哭個夠」。馬修睡醒哭泣時，她不再過去把他抱起來。這麼做看似很順利，艾麗莎母子也睡得更安穩。但有一晚，小馬修哭了一小時都沒停，不乖乖準備好睡覺。最後，疲倦的艾麗莎只好過去看看，結果發現他發高燒到四十度。這時她才恍然大悟，雖然她不想寵壞孩子，但還是需要回應他，才能確保寶寶的健康等基本需求。她從此決定，等到寶寶年紀夠大時再來談如何教導他自立自強。

父母常常感到焦慮，不知如何區別孩子「真正的需求」和「單純想要的慾望」。不過只要慢慢越來越掌握狀況，父母的自信心就也會增強。先前說過，我們要滿足孩子的一切需求，但不用完全照他的慾望走。要是孩子能從他的環境中獲得大量的情感連結，則不會因為嘗到一點失落感，就出現難以抹滅的創傷。**你必須兼用頭腦的理性判斷和內心的直覺感受，才能事半功倍**。獲得越多資訊，你越能相信自己的理性判斷；越瞭解享受育兒樂趣有多重要，你就越能相信自己的內心感受。要是真的難以抉擇，但就跟隨自己的內心吧。

獨特性、自我信賴和家長的自信心

每個人都獨一無二，這種說法已是老生常談，也不難懂，但大家還是很容易忘記這一點。但這一切和信任與不信任之間有什麼關聯呢？艾瑞克森發現，孩童發展信任感的一大影響因素，在於主要照護者（通常是母親）是否有自信心。

自信心非常重要，所以我們要再三提醒，多數母親對孩童發育和教養技巧有了基本瞭解後，就更加能夠信任自己。正因如此，家長的教育很重要。要是你盡可能透徹瞭解小孩

信任與不信任

小孩出生第一年，就開始學習信任的根本概念，這且就是情緒發展的首要階段。要是哭了，會有人來關心嗎？餓了、冷了、尿布弄溼了，會有人處理嗎？日常生活中的慣例和事務會不會依照預期進行？小孩子會透過這些簡單的經歷來學習信任和仰賴父母。

要是缺乏這種基本的信任感，人生就辛苦了。有的孩子從小被好幾家不同的收養家庭照顧，或是常在情感上受拒絕又沒有獲得規律的照顧，長大後很容易拒絕與人有眼神接觸，更無法回應對方愛的舉動。對於這些在童年早期信任感受到抑制的人，必須要拿出極大的耐心和決心，才能夠在他們心中培養出信任感。

大家多多少少都認識這樣的人：難以信任別人，也常信不過自己，且對不相信自己能改變境遇。你的孩子未來走上人生道路時，會抱持著信任或是不信任？會有信念還是有懷疑？這取決於他在生命初期受到怎樣的對待（以及他對自己所見所聞做出的下意識判斷）。孩子在關鍵第一年就會開始發展信任感，並在成長過程中持續發展下去。

發展、適齡行為以及幫助小孩茁壯的非懲罰性方法，就能對自己瞭解孩子、照顧孩子的能力更有信心。

要是孩子哭泣時會有人規律回應，他們就會產生信任感。但別誤以為要是沒有每次回應孩子的小哭小鬧，就會害他受創。父母很快就能學會辨別小孩的哭聲是肚子餓、受傷或是生氣了。有時幼兒也會用哭泣的方式來消耗多餘的精力，因此讓他哭個夠，可能更能讓他學會自我安撫。要是家長覺得非得要幫助小孩入睡，像是幫寶寶搖呀搖、餵母乳或是泡奶給他喝，又或是躺在他身旁，小孩子可能學到的是如何情感操縱，而沒學到對自己和父母產生信任感。這也不表示在奶奶懷中被哄著入睡會危害到孩子。要記得，取得平衡總是比極端作法好。

讓小孩體驗到一點不適，可能促使他產生對自己的信任感和信心。要知道什麼時候可以這麼做的話，需要有足夠的知識、自信心以及對孩子的信心。記得，沒有父母天生就知道平衡點在哪，而犯錯可以讓你調整自己的認知。除了要注意孩子，也就多注意你自己的感受和內在智慧，那們基本上你很快就知道怎麼做最適合自家的孩子。

日常慣例事務

寶寶誕生的前幾個月和前幾年是一段不斷變化的時期。有新生寶寶的媽媽都知道，日常生活起了劇烈的改變。慣例的作用在於讓嬰兒產生信任感，讓生活可以預測。在幼兒前幾個月和前幾年，建立慣例對家長及了女來講都很重要。多數寶寶到了三個月大，就會在可預期的行程中安頓下來。要是有餵母乳，三月大的寶寶會迅速成長，減緩哭鬧問題。這時候母乳量可以滿足孩子的需求。但是，孩子成長發育的期間，慣例也會受到考驗。例如，寶寶白天已經可以不要小睡休息了，但你卻還想要擁有白天獨處的清閒時光。

用規律、可靠的方式進行日常活動，能奠定可預測性和情感連結，成為小孩子的生活經驗。對大人來說，當我們的生活受到干擾（搬新家、離婚或天災人禍造成的混亂），我們也要透過遵循熟悉的慣例來重建安全感，恢復對周遭世界的信任。早期的照護活動看似不重要，但這些簡單的日常行為可以形塑我們一輩子的信任能力。

幼童早期的生活慣例尚未精細，但對鞏固和發展信任感而言功

不可沒。媽媽在哺乳後抱著嬰兒讓他輕柔地上下躍動，並說些安撫的寶寶語；爸爸先用嘴唇發出啵啵聲來逗小孩子笑，接著再把奶瓶給他，或是姊姊在寶寶睡前唱首〈一閃一閃亮晶晶〉，這些都可讓孩子的生活更豐富，帶來更多影響。這些事情加強了寶寶的感覺：這個世界是個可預測、可信任的地方，並且讓他知道他身心安全、有保障。寶寶長大時，全家同樂和家庭傳統也會持續為他的生活帶來喜悅，帶來人與人之間的連結感。

享受育兒樂趣，享受自己的生活

新手爸媽會在生活中遇到許多變化，一下是孩子耳朵感染發炎，一下是有帳單過期沒繳。若你忘了要享受這段獨特的時光，則家裡這個孩子會讓你負擔加重，一方面要學習新的技能，另方面又要適應新生活。「要享受育兒的樂趣」這件事，還需要提醒嗎？對，沒錯。孩子的第一年，可能會讓人手忙腳亂，一切都是新的。照顧小孩夠辛苦了，你還得隨時懷疑自己到底做得「對不對」。你的寶寶會察覺到你的擔憂和懷疑，而他的信任感也因此會受阻礙。請你好好利用這個機會來加強對自己的信任吧，不要停留在過去犯下的錯誤。帶著感恩的心，

從錯誤中學習。只要盡情享受，有足夠的育兒智識，你的內心就會滿有信心，讓你知道該怎麼做。

你看到孩子時，雙眼是否因喜樂而閃耀？

要是小嬰兒無法從爸媽或是照顧者身上感受到一絲喜悅，並且知道自己受人疼惜、珍

幫助嬰兒產生信任感

- 滿足寶寶的所有需求。
- 瞭解需求和慾望之間的差異。
- 避免寵溺（要滿足的是一切的需求，而非一切的慾望）。
- 瞭解發展階段的需求（社交、智能和心理方面）。
- 學習教養技巧（包含你所做之事的長期效果）。
- 對自己和孩子要有信心。
- 享受育兒樂趣。

視和喜愛的話，他們要怎麼能夠發展出信任感呢？詩人瑪雅・安吉洛（Maya Angelou）有次上節目《歐普拉脫口秀》的時候說：「你的孩子走進來的時候，你的雙眼是否因欣喜而閃耀？」請你確保：當你走近嬰兒的時候，他的雙眼也會因為喜樂而閃耀。而且請天天都這樣吧。

要是生活讓你實在無法享受育兒過程，請好好自問：「手上待辦的這件事，十年後的影響為何？」你有沒有把家裡打掃乾淨、修剪草坪或是把家具上好蠟，根本無所謂。相較之下，你和伴侶以及孩子的相處時光，才是全世界最重要的事！

想想看

1. 花點心思記錄你身為父母的自信心。照顧小孩的哪一部分讓你覺得很放鬆、很喜樂？哪些任務讓你備感壓力或是吃不消？要是你能更常放輕鬆，對你和孩子的關係會產生什麼不同？哪些事能讓你對當父母這件事更有自信？

2. 你是否曾經覺得自己受到小孩的情感操縱？你覺得有必要隨時把孩子抱在懷中或是揹在身上嗎？你能否放心隨他哭泣，讓他試著自我安撫？瞭解孩子要發展出信任感的需求，如何幫助你放鬆和給他學習空間？

第八章

自主 vs. 懷疑和羞愧

艾瑞克森提出的第二項關鍵任務，是「自主感」與「懷疑及羞愧感」，這會在寶寶第二年發展。瞭解這點，能讓你在小朋友做出令人啼笑皆非的行為時，感受到的是樂趣，而非挫敗感。小朋友會想做哪些事情？他們幾乎什麼都想做：探索、觸摸、檢視、把手指頭放進插座、玩遙控器、把櫥櫃中的鍋具全都拿出來、在浴室間玩、把衛生紙捲拉開、吃唇膏、灑出香水、探究伸手能及的一切物品。

要是家長不讓幼兒探索，或是在他們摸了不該摸的東西時打他們的手，那會發生什麼事？他可能會產生懷疑和羞愧感，長大後也帶著懷疑和羞愧。其實，羞愧是人所有情緒反應當中，最易產生危害的一種，更無法增進信任、自信或是與他人的親密感。

有些家長出發點是好的，但他們不瞭解孩子第二年這個重要的發展時期，因此當然也不會知道，當他們限制孩子、懲罰孩子、斥責「難搞的兩歲小孩」時，會引發的不是自主感，而是懷疑和羞愧——只是這種懷疑和羞愧的感受，要到以後才會顯露出來。請注意，我們說的是「自主感」，而不是「自主」這件事情本身。

艾瑞克森用「某某感」來指稱幼兒的感受：當孩子語言能力不足或不夠成熟，無法解釋當下發生的事或他們的迷茫感受。艾瑞克森相信，在兩到三歲之間，孩童在父母協助下可以開始尋求自主感，這種感受比懷疑和羞愧的感受更有力量、更健康。

自主感能給小孩信心和能力來追隨他的想法和規劃。不難想見，幼兒渴望自主感會讓父母遇到一些挑戰，但沒有自主感的話，孩童就沒辦法茁壯。孩子整個童年期間都會不斷追尋自主感，但自主感的基礎是在出生第二年到第三年奠定下來的。第一年萌發信任感，加上在第二、三年發展出高度自主感，就成為健全的自我價值感之堅實基礎。

什麼是自主？

既然高度自主感很重要，你必須要知道自主是什麼，還有要怎麼幫助孩童發展這種感受。英文裡對「自主」一詞的定義是指「獨立或自由，對自己的行動擁有意志」。你可能會問：「什麼？要給我的幼兒獨立或自由？他還小，凡事都需要仰賴我！」事實是，你的小朋友需要自主，也需要適度依賴你。在「父母與家庭提供的安全」以及「探索自我能力的自由」兩者之間，他需要平衡。

心理學家哈利・哈洛（Harry F. Harlow）針對母猴與幼猴的著名實驗，巧妙解釋了這點。研究中，母猴把幼猴帶到充滿玩具的房間。剛開始，猴寶寶會緊貼母猴身邊，用眼睛打量這些有趣的玩具。最後，牠們需要探索的需求佔了上風，於是牠們會離開猴媽媽去玩玩具。每過一段時間，牠們就會回到母猴身邊，跳進媽媽懷裡，去體會安全感，接著再回頭去玩耍。

孩子也一樣，需要安全感與自由兩者的結合。要是自由過頭，可能會對小朋友造成危險和威脅，而自由不足會阻礙健康的腦部發育，也可能會抑制自主感的發展。

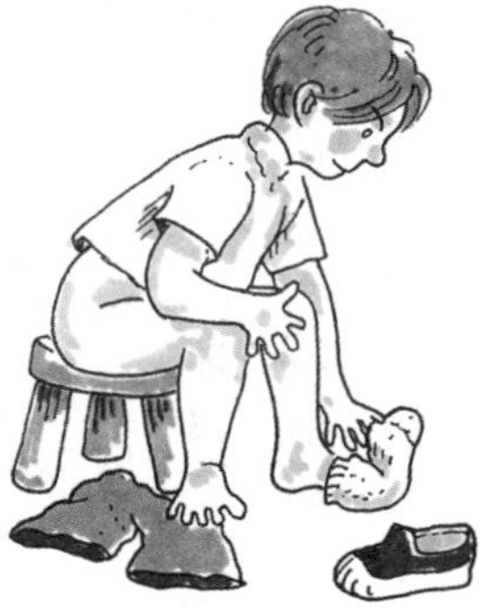

自主，但不放任

所謂幼兒的自主很容易引發誤解。擁有自主能力，不表示從此不再給予孩子指引，不再設定安全界限，也不表示要讓小孩為所欲為，主導整個家庭。在安全範圍內擁有自由，加上溫和且堅定的指引，孩子才能邁向獨立。

自主不表示小孩已經準備好，可以對他的人生下決策。問小孩要不要幫忙拿鑰匙或是提包包，能給他正向、健康的機會來體會自己的力量。問他要讀哪一間幼幼班、感恩節要不要去祖母家，或是爸爸媽媽今晚能不能去看電影，卻可能會讓他誤以為自己擁有或是應當擁有主導權。其實這些決策是大人的職責。給孩子太多選擇，或是給他們不該做的選擇，會養出任性妄為、暴躁焦慮的小霸王。這種教養方式非但沒有效果，還可能帶來危害。

在安全的前提下促進自主

自主既然是健全發育的重要一步，你或許會想，你可以扮演怎樣的角色，來幫助孩子增強信心，又不會讓他遭遇不該有的風險。童年早期的教養方式，一直有一個爭論，那就是要不要在家裡實行兒童防護措施：去除有毒性的材料、加裝兒童防觸電插座保護蓋、把廚房櫃子上鎖、將貴重物或易碎品放在幼兒碰不到的地方，讓居家成為孩童能安全探索的環境。其實光是想到「培養小孩的自主性」這件事的重要，就足以說服人在家中加裝兒童防護措施。有些人會擔心，把家裡保護得太好，那麼孩子就學不到「克制」了。但別忘了，在這個年紀重要的是大人的監督，自我克制是更以後才要談的事。幼兒在這個階段，天性就是會探索且缺乏克制衝動的能力。如果你忽略了小孩這個階段的發展需求和限制，不但會給孩子帶來壓力，伴隨而來的衝突和權力爭奪也對孩子不好。

當然，有許多事情不能允許孩子做，像是拿著祖母的水晶花瓶到處跑，或是拿爸爸的榔頭打魚缸。許多成人相信，如要教導孩子不要碰東西或做不該做的事，最好的方式就是拍掉他們的手，但實情並不是這樣。重點在於：「不該碰的物品，就不要放在他們能接觸的範圍內。」真的，就是這麼簡單。祖母的花瓶要擺在高高的壁爐架上，而爸爸的榔頭要收藏在工具箱裡。（金魚會感激你的。）

居家環境有時可能不易重新裝修，但還是有辦法改造成適合孩子安全探索的環境。例如可以把小孩想玩的搖控器或電腦鍵盤用布遮蓋，或不讓孩子進入某些危險區域，同時提供適合探索的替代物品給孩子，例如在低層的抽屜裡放各式鍋具或塑膠容器。把電線和孩童不宜的物品遮擋起來，像是在前方擺放一籃好玩的玩具。

如果幼兒不想探索、觸摸物品，這樣反而不正常。探索環境完全符合這個階段的發展，也是發展自主的一項重要因素。若我們因為「正常且健全的發展行為」而懲罰孩子，不是一件很奇怪的事嗎？小孩挨揍了，更會產生懷疑和羞愧感，不太可能產生健康的自主表現。有效的教養作法能幫助孩童在學習「限制」這件事的同時，不產生懷疑和羞愧感。

有位母親堅持，與安全有關的事她一定會揍，孩子才能學到教訓，譬如說跑到馬路上玩。我們問她：把小孩打一頓他就能學到足夠的知識，足以讓他在沒人照管的情況下在大馬路附近玩耍嗎？她承認不行。我們再問：「打一百次呢？就能讓他學到足夠的知識，可以在沒人照管的情況下，到大馬路旁玩耍嗎？」她承認，不管打過多少回，還是不能讓小朋友在車水馬龍的馬路旁玩耍。說到這她終於明白，因為孩子的身心還不夠成熟，沒有足夠判斷力來獨自面對這種危險。所以打也沒用。

教導：等到時機成熟，他就會明白

前述那位母親該做的是，教導孩子「大馬路上車子很多，很危險」，但不要期望他現在就能懂，而是等到年紀較大，就會領悟這個道理。她可以牽著兒子的手，站在繁忙的十字路口旁，叫他看看左右有沒有來車，然後覺得可以跨越馬路時告訴她。就算他已經瞭解「沒車的時候可以穿越馬路」，他還是需要大人在旁導護，直到年紀夠大為止——至少六到十歲，看居家附近狀況而定。

這種教導方式，和孩童學習講話的情形是相同的原理。大人當然不會指望嬰兒能夠聽懂大人說出的關愛言語，大人也不期望小朋友能聽懂他們唸給他聽的第一本書。但是父母都知道，孩子要反覆聽見大人的話、反覆聽到同一個故事，慢慢才會理解。

自主是一項生活技能

假設你從沉睡中甦醒，發現自己來到陌生的新世界，必須要學習自己全新的身體和情緒如何運作，還要瞭解身旁的人怎麼過生活、他們對你有什麼期望……要順利成長，還真的需要很大的勇氣哪。

「當小孩」這件事情真的需要勇氣，而幼兒在父母灌輸給他們「恐懼」之前，其實天生就是有勇氣和活力，準備探索世界如何運作。但從父母的角度來看，孩子這樣實在太危險了。事實上，父母和小孩可以好好配合：小朋友很喜歡爬上沙發，而父母可以在他太靠近邊緣時，準備好接住他。

健康的自主表現，是要拿捏好保護孩子，讓他們探索未來要生活的世界。怎樣算是保護太過頭？要怎麼知道自己和小孩

的狀況是否恰到好處？

在安全環境中探索的需求

幼兒第二年發展自主性的任務中，有很重要的一部分與肌肉系統的成熟有關。而提供安全探索的環境，是幫助幼兒發展自主力和強健肌肉的絕佳辦法。小朋友探索的過程中，會嘗試各種不同活動，像是攀爬、握住和放開物品（沒錯，孩子一直弄掉湯匙，能幫助他發展自主感和肌肉控制），這樣可以鍛鍊肌肉，並提升肌肉的成熟度。孩童要是在肢體活動受到太多限制，就沒有機會能發展出穩固的自主感。孩子探索、測試自己辦得到及辦不到的事，能讓他的大腦形成某些重要迴路，若活動受限就無法達成這點。

潔妮並不知道幫孩子建立高度自主感的重要性。她是藝術家，喜歡在白天日照充足時作畫。她的女兒達妮可以長時間坐在兒童高椅上吃著餅乾，看起來也很滿足。達妮在椅子上坐累了，潔妮就會把她帶到護欄內的遊玩區或是兒童安全鞦韆上，她很少讓達妮在室內走動。

潔妮不是「壞」家長，她覺得欣喜而幸運，因為女兒能適應這種非常限縮的活動範圍，她也可因此完成很多畫作。潔妮不明白的是，她沒有提供探索的機會給女兒，其實阻礙了女兒的自主發展、腦部發育和肌肉控制。

正向教養的技巧可以促進孩童的自主感和腦部發育，也幫助他們發展出未來需要的性格和生活技能。孩童從出生起，一路到學齡前的年紀，「隨時」都需要大人在身旁。他們也需要有機會學習必要的態度和技能，以便有朝一日能自行下決策和解決問題。

懲罰只會帶來懷疑和羞愧感

所謂懲罰，是由較有權勢的人對較弱勢的人施加的作法，以期能矯正他的行為。可惜，懲罰無法促進健康的自主感，也不能傳授生活技能。確實，許多家長需要大幅調整心態才能停止懲罰。懲罰會引發懷疑和羞愧感——例如因為孩子做出「適齡」的行為而責打和羞辱他們。其實，孩童發現自己能力有限時，產生的懷疑和羞愧感就已經夠多了。

真正的教養是「教導」。懲罰無法教導出實用的技能或是態度。請不要打小孩的小手和屁股，也不要說出「壞女孩」這種話。幼兒其實搞不清楚自己的所作所為（伸手想碰電線）和得到的回應（馬上挨一記打）之間有什麼關聯。許多父母都有這種令人傷心的經驗：

滿懷愛意伸手要碰觸孩子，小孩卻膽怯地縮了身子，彷彿怕被爸媽打似的。這種關係絕對無法促進信任和親近感，父母們也絕對不想要形成這種關係。

孩童不被允許玩弄父母的手機或開瓦斯爐，當下可能會覺得很挫敗——這就是艾瑞克森所說的，孩子在這個發展階段的一種「危機」。但是在這種自然出現的危機之餘，大人竟然又增添了懲罰，簡直是在傷口上灑鹽。要是父母能記得，拿出堅定態度時也不失溫和，就能大幅減緩孩子的這種挫敗感。孩童確實是可以感覺得到差別的。

教導幼兒？

你不僅「有能力」教導幼兒，而且你「必須要」教導他們。請多發問來鼓勵他們的自主表現，也鼓勵他們提問。至於說教就免了吧。說教只會引發逃避或抗拒，而提問能引發思考和參與。幼兒其實懂得不少，但無法用言語表達。問「要是沒看清楚就過馬路的話，會發生什麼事呢？」這類的問題可以加強孩子的語言發展、思考技能和自主感。

到底該不該打？

問：我兒子三歲的時候很乖，有幾次他不乖，我就帶他到房間裡，讓他坐在暫停區的椅子上，結果很有效。現在我女兒也三歲了，一直都不聽話。能想到的措施我都已經做過了。暫停區椅子既然沒有用，所以我就告訴她「不可以」，或者拿走她的玩具、解釋為什麼這樣子很不乖，甚至還摟抱著她說她做的事不對，下次不能再這樣。剩下能做的，就只有打屁股了吧。我從沒打過兒子，我媽也從沒打過我，我不知道這麼做對不對。要是該打的話，用手還是用皮帶比較好？要她站好還是讓她趴在我腿上？我想選擇對我女兒最好的作法。

答：父母必須要知道，孩子會搗蛋，但孩子絕對不「壞」。只要父母瞭解孩子符合發育階段之行為、社交及情緒發展時期以及性情差異，就連所謂「搗蛋」也不是真的算是搗蛋了。你兒子很完美，但同樣你女兒也不「壞」，他們只是性情不同。還有，雖然兒子的性情比較乖，但我們擔心他可能會太依賴他人的認同，或是沒有發展出健康的自我價值感。孩童要是缺乏許多探索、實驗和試探規矩的經歷，便無法發展出恰當的自主力和主動性。從你女兒的性情來看，感覺她很正常，不「壞」。不要把懲罰施加在「正常」的孩童身上。懲罰會造成叛逆、反抗和爭奪權力。你所用的方法從性質而言都屬於懲罰——你甚至把摟抱也變成一種懲罰，因為抱她時還跟她說她很不乖。我們很高興你還沒用上打屁股這作法。很多研究報告顯示，長期而言，打屁股只會造成更糟糕的行為。

那麼該怎麼做？以下提供一些正向教養工具：

1. 先建立情感連結再糾正行為：「媽媽愛妳，但妳這樣做是不對的。」
2. 請小孩協助：「寶貝，我需要妳幫忙。妳覺得要怎樣可以解決這個問題呢？」這樣的提問比較容易促發合作而非抗拒。
3. 反過來問要怎麼幫她：「妳現在需要什麼呢？」
4. 告訴她您需要抱抱。這常常就足以避免不宜的行為持續下去。
5. 溫和地牽起她的手，引導她去做該做的事。要是她抵抗，拿出溫暖的笑容，繼續前往該做之事的方向。

父母要示範「該」做的事，不要示範「不該做」的事

許多幼兒會經歷一段喜歡打人或摔物品的時期。你可能不相信，但這其實不算是不當行為，這可能只是表示他們沒有能力來達成目標而感到挫敗。許多小朋友只是透過揮打來探索不同的可能性（像是在浴缸拍打水會發生什麼事）。你有沒有看過父母邊打著小孩，邊叫他們不可以打人？父母可能會責罵道：「不可以打人！」看著小孩晶亮的眼睛，就能

想像到他說著：「可以呀，你剛才就打我了。」

比起還手或是責罵，更有效的方式是示範該做什麼給孩子看，而不是給他看不該做的事。在揮打行為出現的時期，要加強督導。小朋友伸出手要打的時候，趕緊握住他的手，說「要輕輕摸」，同時做給他看。

一歲半的西西麗雅正在經歷揮打時期，她會無緣無故就朝媽媽的臉打去，媽媽明明只是抱著她而已。她還會打小狗。媽媽會在她動手的時候抓住她，溫柔引導她，讓她撫摸媽媽的臉：「要輕輕摸。」要是西西麗雅準備出手打狗，媽媽也會引導她撫摸狗：「要輕輕摸。」

這種情境重複了四、五次之後，有次西西麗雅舉起手作勢要打之際，突然停下來看著媽媽，這時媽媽說「要輕輕摸」，然後她就照做了。

派希肩上揹著一袋尿布，一隻手拿著兩本要還給圖書館的過期書，手上的指頭上吊掛著車鑰匙，另一手抱著兩個月大的兒子。她告訴兩歲半的女兒：「來吧，瑪瑞莎，該去圖書館了。上車吧。」

但是瑪瑞莎完全不為所動，她不開心地站在門廊階梯上方，雙手伸往媽媽的方向，堅持要媽媽把她抱起來。

派希大力嘆口氣，用鼓勵的口吻說：「妳能自己走呀。來吧，寶貝，媽咪現在沒有手。」

瑪瑞莎臉糾結成一團，哀怨說：「走不動。」可憐兮兮地跌坐在地，喊叫著：「抱抱——！」。

派希嘆氣，揹不動東西的雙肩都垮了下來。要瑪瑞莎自己用雙腿走路是不對的事嗎？要是沒把她抱起，會讓她覺得自己不受疼愛嗎？

瑪瑞莎「想要」人抱著她走，但她並不「需要」——除非她生病了，或真的太累了。就發育階段而言，抱嬰兒走是比較適齡的事，抱大一點的小朋友則不然。媽媽若瞭解瑪瑞莎的自主發展，能讓決定何時抱著她走，何時讓她自行想辦法。

要是你的小朋友要你把他抱去搭車，你可以蹲下來給他一個擁抱（可能要先把一些東西放下來），然後告訴他你很肯定他能自己走到車子那邊。要是他還是哀求要你抱他過去，你可以說：「我會握著你的手，一起慢慢走，但我知道你做得到。」或者，還有個更好的辦法，就是請求他協助，說：「我很需要你幫忙，可以幫我拿書嗎？」小孩或許會收起眼淚，一起走到車內，媽媽還可以少拿一

樣東西。

沒錯，直接把小孩抱起來會比較簡單，而幫助孩童發展出自信心和所需的生活技能，則不是件簡單或便利的事。但是，有人說育兒會很簡單嗎？其實也不用搞得太困難。成功教養在於懂得哪些作法有效，哪些沒效。

轉移注意力和提供選擇

幼兒想要探索、觸摸東西是正常且符合發育階段的事，因此明智的作法是設定一個區域，讓他們安全地探索和觸摸東西。廚房裡的櫥櫃可以收納著一些塑膠容器、木製湯匙等不會讓小孩受傷，也不會被小孩弄壞的用具。客廳裡，可以放一箱專屬玩具。

要是小孩想去碰不該碰的東西（像是蘭花盆栽），這時溫和且堅定地把他抱起，帶離該物品，走到玩具箱前面。不要打他的手或是說「不可以！」相反地，告訴他可以做什麼事情，像是：「你可以玩玩具。看看這輛大卡車，你一定可以讓它動起來，對吧？」

也務必要瞭解，光是用說的，對管控孩童行為或是確保他的安全其實效果不好。與其你在遠處說「不可以！」或「不能碰！」不如起身走到孩子面前，看著他的眼睛，採用溫和而堅定的實際行動，把他帶離違禁品或危險物品。單憑言語往往只會讓小孩知道他不理睬你也沒事，畢竟遠在另一側的你不能拿他怎麼樣。

這個年紀的幼兒對很多東西都有興趣探索，所以引開他的注意力並不難。要是小朋友想要碰不宜觸碰的物品，就拿個替代的東西給他，或是讓他選擇要用什麼替代物，像是說：「不可以跳上沙發。你要不要玩車車還是來幫我洗碗？」「上床時間到了。等你換好睡衣褲後，你想要我念哪一個故事給你聽？」「我正要去講電話，這段期間你可以玩抽屜裡的東西（事先在裡面預備好適齡物品），或是鍋具櫥櫃。」有個母親在冰箱上放個幾個活動籃，她要講電話時，就把其中一籃拿下來，女兒每次都迫不及待想要有機會玩這些專屬玩具。只要簡單增加幾樣，像是新的球、不同尺寸的積木或是拼圖，這些活動籃就會保有新鮮感。「提供選項」和「分散注意力」給需要引導的幼兒，都是簡單而不失尊重的方式。

無意識中對人生所做出的認定

有件事情是孩子無法自知，也無法以言語表述的，那就是他們在無意識中，不斷針對自己、針對這個世界、針對其他人，還有「針對自己該如何在這個世界上生活並成長」這件事，做出認定。他們判斷的依據，來自於他們對於生活經歷的解讀，而這些非言語、情意上的回應或調適過程，將成為孩童腦中的迴路結構。

三A自主

態度 Attitude

1. 改變自己的認知。要明白孩子發育階段具備的能力，在回應前先冷靜下來。
2. 要明白孩子理解力有限。「不行」是個抽象的概念，幼兒還不完全瞭解那是什麼意思。
3. 發育時程各有不同，每名孩童都有自己獨特的發育狀況。
4. 要重視的是「過程」，而非「結果」。把時間花在享受達成目標或是從事某件事的過程，而不要只看抵達終點或成果。

氣氛 Atmosphere

1. 提供練習的機會。磨練技能可能會造成混亂，父母要接受這個事實。要幫助孩子精熟一件事情，可以把任務依照孩子的程度做調整，降低實行的難度，並提供簡易的步驟。記得，孩子正在發展大腦中的連結。
2. 鼓勵思考。在規劃的過程中讓孩子參與。可以問他們「要用什麼」、「可以怎麼做」的問題。
3. 適時賦予權力。合理的情況下，給他們說不的機會。
4. 避免進入權力爭奪。與其互相叫囂著「要」和「不要」，不如給孩子一個擁抱。

行動 Action

1. 溫和且堅定。說到就要真的去落實。

2. 使用身教。少講話，避免說教，而是實際行動。
3. 示範該做的事而非不該做的事。再次強調，避免說教，而是使用適當的行為當成表率。
4. 提供有限的選項（每項都要是可接受的內容）：「你要穿紅色還是藍色的睡衣褲？」
5. 避免開放式的問題，像是：「你想去上床睡覺嗎？」否則可能會得到「不想」的答覆，但不能讓他這麼做。
6. 使用重新導向和分散注意力的方法，不管需要多少次也不嫌多。

你用分散注意力的方式，把小孩帶離不該碰的東西，引導他到適宜的物品，他會做出什麼判斷？他可能會曉得探索、嘗試新事物和瞭解周遭世界都是可以做的事情，但有一些東西是禁止接觸的。

我搞砸了！

有時父母發現原來自己的育兒方式不對，因此感到愧疚。你可能會說：「噢，天啊！我就是做了那種錯事！我毀了孩子的一生了嗎？」不會。我們已一再強調，錯誤對大人、

父母這樣做，有助於發展健康的自主表現

- 提供安全防護，提供探索的機會。
- 移除危險物品，設下可確保安全的界線，接著就放手讓孩子探索自己的世界。
- 運用分散注意力、重新導向、溫和且堅定的行動等三種做法來導引幼兒的行為。不要打小孩的手和屁股，不要光用嘴巴講。
- 讓孩子在安全的環境中奔跑、攀爬，以便發展出健康的肌肉。
- 辨清小孩的「需求」和「慾望」。回應孩子所有的需求，並善用判斷來決定是否要滿足他的慾求，這能有助於他學習良好品格和生活技能。
- 教導技能，並且謹慎督導。
- 多多注重情感連結、愛和親子關係。

小孩都是絕佳的學習機會。

有時你可能需要向孩子坦承錯誤，而且確實改過：「小心肝，我原本以為讓你知道我多愛你的最好辦法，就是幫你做好一切。但是，我現在知道這樣不是真的為你好。雖然接下來可能對我們都不容易，但我要幫助你學習到你自己擁有多少能力。我對我們倆都有信心，一定可以

的！」沒錯，你們可以辦得到。不要浪費時間愧疚。你和孩子將來都還是會犯錯，但這樣反而好。若小孩子還不會說話，你還是能透過你的態度和信心來傳達出同樣的訊息。

瞭解到發育階段有多重要後，就能讓父母多學習技巧，盡可能提供適當的氛圍來鼓勵孩童發展出終身受用的能力及素養。父母和小孩互動時，也可盡量引發他們對己、對人、對世界做出適切的認定。請注意，我們的用語是「引發」，沒有人可以確知某個人對他自己的生活經驗會產生什麼樣的解讀或判斷。另外，不管是父母還是孩子，不可能每次都做對。只要大部份時間有好好教導、付出關愛和使用尊重的表現，就真的足夠了。

小孩想摸的東西現在不准摸了，他可能會有點氣餒，甚至可能會鬧脾氣。然而，只要用溫和且堅定的態度來督導他，小孩的感受就會很不一樣（完全不同於被逼迫、被處罰時產生的感受），而且孩子因此對他自己、對你都會形成健康的觀感。

受到鼓勵去發展自主感的孩童，在未來的人生較能做出健康、正向的判斷。受到限制而未能發展自主感的孩童，則會採用懷疑和羞愧感來對他的人生做出認定，這樣當然無法發展出你希望孩子具備的技能和態度。

愛與享受

當父母明白「發展自主感」這件事對孩子多麼重要，就會知道過度保護或縱容都不是向孩子表達關愛的方法。如果用「讓孩子發展出自由和獨立的性格，確知孩子未來具備自信和勇氣」這種方式來展現對孩子的愛，能讓父母安心快樂。

想想看

1. 觀察居家空間，找出哪些東西不能讓孩子碰觸。判斷要怎麼把這些東西移開孩子伸手可及的範圍。改造居家空間吧。

2. 花些時間來記錄，當孩子渴望自主時，你的反應是什麼。他想獨自做事時，你有什麼感受？你想如何改變，以便鼓勵孩子相信自己能勝任，有自信，而同時又能確保他的安全？

第九章

孩子的適齡行為，及父母應對的作法

「我要自己弄！」兩歲的孩子這麼叫喊時，他真正要說的是：「我準備好要跨出自主的一大步了。」雖然自主感對於自信和能力的發展很重要，但過程中一定會讓父母遇到許多挑戰。畢竟，小孩乖乖聽你的話，一切不是簡單多了嗎？

「不當行為」與「孩子天生的探知需求」完全不同。不過，就算是適齡行為，不表示不會造成混亂、不會令人挫敗或引發困難。你還是要回應這些行為。若你能理解適齡行為，就不會把孩子的行為看得太重，也不會防礙他建立自我意識。

傑勒米快滿三歲了，雖然他父母常笑說他「難搞」，但父母很高興兒子好奇心旺盛且願意多多實驗和探索身旁的世界。某天一大早，媽媽發現他在廚房裡做蛋糕，他把牛奶、葡萄乾、雞蛋（連同蛋殼）、穀物和一大把麵粉放入他找到的大碗裡攪拌。幾天後，傑勒米的爸爸則是發現他用鉗子來探查吸塵器的內部構造。於是爸媽決定要請傑勒米進廚房幫忙，給他一套專屬的小工具（和用來實驗用的非電器物品），並且在場督導他。雖然有時會搞得一團亂，但這對夫妻很高興兒子覺得這個世界耐人尋味。

馬庫斯也是將近三歲，但他的世界很不一樣。馬庫斯在電視機前最感到自在。陌生的人和場所會讓他害怕。馬庫斯很喜歡電腦，但把爸爸的檔案弄壞了，讓爸爸暴怒。馬庫斯也喜歡到菜圃裡幫媽媽的忙，但是有次他把媽媽剛萌芽的豌豆給挖除了，害得媽媽大大嘆了一口氣（馬庫斯恨死媽媽這樣了）。然後他就被叫去屋子裡玩。馬庫斯覺得最安全的作法就是不要出太多點子，只要看電視就好。每當有人說話時拉高嗓子，他就會蜷縮著身子，要耗費很多心力和時間，才能讓馬庫斯再度展現好奇心。

自主與「適齡發展」

像傑勒米和馬庫斯這樣年紀的孩子，正在發展自主性，漸漸擁有更大的肢體和心智能力來探索，外界對他們而言，是一個刺激絢麗的世界。但他們也常發現自己沒有足夠的技巧和能力來達成目標，因此感到氣餒。孩童面對這些挫敗時，可能會退縮且對自己「征服世界」的能力產生懷疑。成人要幫助幼兒建立信心（和導引他們的行為），可以提供各式的機會、訓練和鼓勵，讓他們做自己「辦得到」的事，並從中獲得健康適度的自主感。

這真是不當行為嗎？

教養小朋友時，多多考慮他們行為背後的意圖，這樣父母就不會那麼沮喪了。說來簡單，做來可真不容易，尤其眼前是個牛脾氣的兩歲小孩。即使如此，以下提出的概念或許能幫助你。

- 請瞭解，孩子正在千辛萬苦地發展自主感。這樣可以讓你對孩子的「不聽話」產生很不同的感受。小孩對於情境的認知和你有天壤之別，當然，這也不代表容許孩子對你大喊：「我不要！」這只代表你要冷靜下來思考，而不是吼回去：「你別想！」衝突時只要父母先停止鬧脾氣，會讓狀況順利許多。
- 當孩子不肯乖乖聽你的話，請理解，他因為發展階段而產生的衝動，對他具有很大的影響力。所以他不是故意要破壞規矩，不是故意忘記你交代的事，而是你的要求和指示，「輸給了」他自身的需求和發展的進程。這時大人需要做的，不是光用嘴說，不是懲罰小孩，而是做出溫和的舉動。

- 瞭解適齡發展的行為，就知道可行的方法是兼用溫和及堅定的態度，外加運用問題解決技巧，來找出適當的解決辦法（例如傑勒米爸媽所做）而不是施加懲罰或是無效的說教（「到底要和你說幾百遍？」）。溫和的態度是愛的表現，尊重小孩的需求和能力極限。堅定的態度能帶來條理、教導和安全。若你把重點放在「尋找解決方案」，這樣不僅顧及了孩子的技能發展，也吻合目前學界對於大腦發育的理解，更能夠彼此尊重，維持尊嚴。

大人可能要稍微調整自己的心態。家長常因幼兒無法達成他們的期望而失望或氣惱。兩、三歲的孩子年紀還小，沒辦法把事情做到盡善盡美。幫小孩把事情做好（都是你在做），對小孩或對你來說都是最省事的，不用耗費心神和耐性來從旁指引孩子自己做事（帶著他做）。但是，究竟哪個比較重要：輕鬆快速而成果好，或是協助小孩產生自信、感受到自己的能力，學會實用的生活技能？健康的自主感

就是這麼一回事。

教養很難快速、俐落或是高效率。有太多家長只想要孩子擁有勇氣與自信、尊重人又能好好配合、懂得應變且負責任，卻不知道孩童需要什麼才能發展出這些性格。只要經過訓練，兩歲的小孩可以自己穿衣服、倒牛奶和穀片（用孩童專用的容器）和幫忙擺設餐桌。學習這類的技巧，是發展自主感和正向貢獻的重要一環。

技能是後天習得，而非與生俱來

沒有人天生就會用湯匙吃東西。基因編碼本身也不會讓小孩能輕鬆穿好衣服。天才兒童端著盛滿的果汁，也難免會灑出來。技能是後天習得，而非與生俱來。只要瞭解所有技巧都需要訓練，你就能把孩子視為具有無限潛能的優秀學習者，而不是笨手笨腳的累贅。

大腦研究提供了我們一個好消息：重複，就能強化腦內的連結。這點也直接適用於技能發展。孩子沒辦法第一次穿鞋就上手，而是需要不斷重複這個動作來精熟。他在扭動手指和彎曲腳趾頭時，腦部正在接通各項連結。研究告訴我們，知識和經驗兩者之間密不可分且相輔相成。只要一步一步教導如何精熟任務，並提供多次練習機會，你就能養育出有能力、有自信的小孩。

靈巧與凸槌

學習技能的長期過程中，有很多凸槌的時刻。要輕鬆傳授技巧，最簡單的方法就是調整任務的難度，來讓小小孩體驗到成功的滋味。

理解適齡發展的行為

要是家長對適齡發展的行為理解不足，就會萌生以下的幻想教養。你曾有過類似幻想嗎？

1. 小孩要聽你的，孩子要說一做一、說二做二。
2. 幼兒要乖乖服從，你說「不行」時，他都明白你的意思。
3. 希望要是你又累又不想被打擾時，小孩就會「乖乖的」。

現實狀況是：

1. 幼兒通常只顧跟隨著自己的發展藍圖，不會停下來聽你說。
2. 「不行」是個抽象概念，孩子能理解多少，未必符合家長的預期。
3. 孩子「不壞」，只是他們不一定隨時順從聽話，尤其是在發展自主性的時候。

例如穀片的包裝盒很大，牛奶瓶很重，但你可以調整這兩個東西，讓小孩練習自主並學習新技能。把牛奶裝入有握把的小罐子或量杯中，把穀片放入小型容器裡，並且放到孩子易操作的高度。你可以先示範怎麼倒出穀片，然後加入牛奶。一開始先讓小孩握住你的手（稍微體驗一下），接著再換成由他來動作，你把手輕輕護在他的手邊。最後，在他身旁看著，鼓勵他自己來。小孩漸漸精熟這些技巧時，就能好好慶祝一番了。

出門在外

只要父母付出時間來訓練，孩子就能在公共場所表現良好（有人戲稱公共場所是兒童發展實驗室）。訓練過程中需要用到好幾項策略，父母可以用以下的工具來幫助小孩子學會在公共場所好好表現。

預先計畫，對孩子的抗拒做好心理準備

幼兒只活在當下。他們和很多大人一樣，很難適應新的變化。從在客廳玩積木，轉換到和爸媽去逛賣場，中間要經歷不少調整。這對有些孩童較容易，對有些則較困難。

從一個活動或地點轉換到下一個時，預先計畫相當重要。你家的小小探索家可能會想

五個方法，訓練孩子在公共場所的表現

1. 預先計畫，對孩子的抗拒做好心理準備。
2. 規劃過程也讓孩子參與。
3. 提供有限的選項。
4. 提出激起好奇心的問題來鼓勵思考。
5. 秉持尊嚴和尊重來付諸行動。

要爬到衣物貨架下面、爬到美容院椅子高處看看世界的模樣，或是展開一場探險活動來找找角落裡藏了些什麼。帶小孩到公眾場所「之前」，就要先盡可能預想可能發生的問題，並且找出對策。務必要帶一些小玩具和點心來提供娛樂和補充營養。

規劃過程也讓孩子參與

你可以這樣和孩子討論：「我們要到餐廳和安妮阿姨還有潔蜜表妹吃飯。還沒去餐廳之前，你在車上想先做什麼呢？」要是小孩還不太會

說話，請簡化你的言詞。要是已會說話，規劃過程讓他自己講出答案。你可以提到兒童車上座椅、繫好安全帶、路上玩玩具等事。你可以用簡單的描述，和孩子一同探索即將到來的餐廳活動。

可請小孩想像場景，也可描述給他聽：坐在椅子上用蠟筆畫畫和吃午餐，他可以選哪些餐點？他不喜歡的東西也一定要吃下去嗎？逐漸地，場景就會在他腦海中浮現。使用簡單明瞭的語言來解釋你的期望，並且盡量逼真。

問小孩問題（促使他自行思考），會比叫他照做（引發抗拒心或是權力爭奪）來的有用。你可以誠懇地問：「我們出外吃東西時，可以亂丟食物嗎？在餐廳裡到處跑呢？可以亂拿糖罐嗎？」要是他以為這些是可以做的事情，就利用機會來教導他公共場所的行為規範。把重點放在「可以」做的事情或是選擇，而非「不可以」的事項，像是說：「食物是用來吃的喔。」「你要在餐桌上安靜和大家一起吃，還是要和我一起回到車上坐一下？」很麻煩嗎？對。優質的訓練？沒錯。溫和而堅定的態度，能讓小孩明白你說話算話且會貫徹到底。可以使用「假裝現在要……」的演練遊戲來設立限制和期望。

確保你的規劃要考量到小孩的性情和社會情境。他用餐期間能坐得住多久？有哪些可

行的活動？有時間和表姊一起玩嗎？如果這次的聚會辦在披薩店，會比在高雅餐廳更好嗎？為了外出的活動能順利進行，事前請好好規劃，且要瞭解你的小小孩需要反覆練習才能熟練這些技巧。

提供有限的選項

提供選擇可以協助發展孩子的自主感，但選項必須適當、明確，且「每一項」都要是你可以承擔的。舉例來說，下列選項可能會造成問題：

- 你今天想上托兒所嗎？（這是成人的職責，不是可選擇的事情，而是有其必要。）
- 你今天想要做什麼？（小孩需要一些提示。現在講的是烤餅乾或餅乾彩繪、一整天看電視，還是去迪士尼樂園？）
- 「任何你想要的玩具都可以，你自己選。」（這也包含高價玩具嗎？記得要能說到做到。通常開口說話前先仔細思考才是明智之舉。）

提出激起好奇心的問題來鼓勵思考

要是父母和師長說了太多，鉅細靡遺告訴孩子發生了什麼事、造成的原因、應該要有什麼感受、該怎麼做……這樣無法讓孩子發展出高度自主感。「告訴他們」可能讓孩童錯失透過犯錯來學習的機會，也可能傳達給孩子負面訊息，讓他們覺得自己沒有達成大人的期望。小孩常常對說教內容左耳進右耳出，因為他們還不瞭解大人想要建立的觀念，而且小孩會發現把大人說的當耳邊風也沒關係（無意間練就了有聽沒有到的功夫）。

最後也很重要的一點，**若你要告訴孩子事件、過程和原因，目的應該在於教導他們能思考哪些事情，而不是侷限他們的思考模式**。父母常因孩子自制力不足而感到失望，但他們可能忽略了自己並沒有使用能增進自制力的教養方式。要是你替孩子的行動擔負責任，他就永遠不會為自己負責。

有一個很有效的方法，可以幫助孩子建立思考、判斷、解決問題的技能，同時培養自主感。那就是問他們：「發生了什麼事？你原本打算做什麼？你覺得事情為什麼會變這樣？你對這件事有什麼感覺？要怎麼樣來修補？要是你不希望未來又發生這種事，你還可以怎麼做？」切記，這些技能需要使用語言，而語言要花時間學習。你能夠且應該和小孩談這些想法，但他無法立刻學到。

孩子還小時，要在激發好奇心的問題中多給一些提示。譬如，要是兩歲兒童騎三輪車時卡住，這樣問可以鼓勵他自行思考：「要是你下車倒退嚕的話，你覺得會發生什麼事？」這和直接告訴他下來倒車不一樣。用發問的方式來給提示，就能促發思考和判斷。

秉持尊嚴和尊重來落實行動

我們要再度強調，放任不是能幫助孩童建立自主能力的辦法。教導孩子的一大重要面向，在於你願意用溫和且堅定的態度來貫徹到底。

以先前所提的餐廳用餐情景為例，你要如何落實所說的話？媽媽可以事先解釋，要是女兒忘記了在餐廳內該有的表現，她們就必須要離開餐廳。使用溫和且堅定的落實作法，代表著如果女兒搗蛋，媽媽就要把她帶到車上，等其他人吃完。而帶她出去時還一面斥責或動手打她，就有失尊重，且效果很糟。家長可以沉默不語，要說話的話就要拿出堅定而溫和的語氣來說：「很可惜你今天不想要安靜在餐廳裡坐好，可以下一次再試試。」給孩子再次嘗試的機會，這樣相當合理且有鼓勵作用。說「我以後再也不帶你出去了，什麼地方都不帶你去！」並不合理，而且這種威脅怎可能貫徹執行？這不能展現溫和和堅定的態度，也不會引發信任感。

確實，用溫和而堅定的方式落實你說的話，可能會讓你錯過餐點而造成不便，小孩子也不喜歡這樣。但是，你可以自己選擇哪一個比較重要：在餐廳吃一餐，或是小孩學習適

「失控」

問：我兩歲半的兒子很失控。我一直說：「請等我一下！」但他都不理會。要是我不馬上處理他的要求，他就發飆或一直跳針。我們出外時他真的很不聽話，他會對我又打又踢，使出渾身力氣來驚聲尖叫，只為了得到他想要的東西，路人都在看我們。這種情況該怎麼辦？打小孩不是我的作風，但我也不想要像這樣顏面掃地。

答：有些人會說你的小孩子「活力充沛」，有些人會把他貼上「頑固」的標籤。不管你怎麼形容孩子的個性（最好不要貼標籤），意圖控制他是沒有用的。以下提供三個促進合作的方法：

1. 孩子其實還不懂什麼叫「請等我一下！」這是個抽象的概念，而且和他探索世界的需求以及他日益增長的自主感恰恰相反。當然也不能允許他肆意妄為。平常一起散散步時，你可以偶爾說「請等我一下」，接著就停下腳步。用輕鬆的態度來這麼做，讓他體驗這個概念。他可能還是難以立刻停下來，但多練習可以讓他更加瞭解並且多多配合。

2. 與其叫他做某件事，不如讓他參與決策過程，讓他適度掌握權力和自主。例如說：

a. 給他預警：「我們再一分鐘就要走了，你今天最後一支要用的蠟筆想挑什麼顏色？」

b. 用計時器來作提醒。身上帶著一個小型計時器。（幼兒很喜歡小雞或蘋果造型計時器，也很喜歡帶在身上，而且這些物品價格不貴。）讓他幫忙設定一或兩分鐘，問他計時器響起時表示什麼意思，他說「該走了」時就附和他的說法，接著照做。

c.給他能幫忙的工作：「你要不要幫忙把書拿到車子那邊，或是幫我拿鑰匙？你自己選。」

d.幫助他在腦海中設想下一個活動，像是說：「我們一到家後要先做什麼？」

3.要是這些都沒效，你可能必須要牽起他的手，然後引導他走出去。他抵抗的話，不要拖拉，而是站在原地，等他不再拉扯你的手時，再接著繼續前進。他再度抵抗的話，就停住手臂動作。要是他想把手抽走，就輕柔堅定地握住他的手。這感覺起來就像一場拉鋸戰，但要是他曉得你會持續用溫和而堅定的作法，他就有可能會跟著你走。不然的話，可能必須要把他抱起來離開，並且不理會他亂踢和大叫（還有旁人的眼光）。關鍵在於避免「情緒糾結」（家長覺得自己必須要「贏過孩子」、貫徹自己的意念，或是讓旁人欽佩）。做你該做的事來完成任務，而不是要求小孩完全配合你。

宜的社交技能，因此能發展出自尊和自信。對待幼兒時，行動遠比話語來的有效。只要你用溫和堅定的方式貫徹到底，你的小孩就會曉得你是認真的，會說到做到，這些都是帶來信任和尊重的要素。

督導

我們必須再三強調，小孩剛出生後的前幾年，安全是一大考量。你的職責在於確保他安全，且避免因為你的恐懼而讓他退卻。因此，督導是教養小小孩的重要工具，必須使用溫和和堅定的態度來引導、教育孩子。嘮叨說教不能促發他學習，你必須要靠教導以及尊重且堅定的行動。省下費盡唇舌的力氣來好好督導吧。

分散注意力和重新導向

分散注意力和重新導向，是和小朋友相處時極為簡單而有效的教養工具。

十三個月大的艾倫正快速爬向小狗的餵食盤，這是她最愛的一種「玩具」，這時被爸爸發現了。他用堅定的語氣叫喚她的名字。艾倫停下來轉頭看，於是爸爸把她抱起，走到另一側放置農場家家酒玩具的地方。

他抱抱女兒，然後說：「來，寶貝。看看小豬和牛牛要做什麼。」

要是艾倫又要朝小狗的餵食盤爬去，爸爸就會再一次攔住她，導向較適合玩的物品。

行動時不說教，也不帶著羞辱言詞，這樣能避免雙方僵持不下，並能讓艾倫從經驗中學到，爸爸是不會讓她玩狗盤子的。

要是艾倫還是一直想去拿不該碰觸的狗食盤呢？父母要重新導向孩子的注意力多少次才夠？答案是需要多少次就做多少次，或許會超乎家長樂意做的次數。（當然，爸爸也可以把盤子拿到洗衣間，這樣小狗可以過去吃，而艾倫不能過去。）溫和堅定地把艾倫導向可碰觸的物品，並且不斷這麼做，直到她瞭解你的意思為止。這樣可以用不懲罰、不羞辱，且不會引發意氣之爭的方式來應對小孩子的行為。

要是一切都不管用

我們聽過家長喪氣地說：「我全部建議都試了，可是都沒用啊！」本書中我們一直建議父母「要避免情緒糾結」，但畢竟每個人都曾經歷過自己的情緒被孩子帶著走。

所以，這種講法乍聽之下似乎沒用，但有時候你需要感受一下自己的挫敗感，允許自己發發脾氣。你可以有情緒，不需要因此愧疚，正如我們建議讓小孩體驗自己的感受一般。或許，你也可以找個朋友訴苦。

請盡量記住，孩子今天是什麼樣子，不表示他未來一輩子都會是這樣。第二十一章有許多自我照護的重要建議。有時候，在等待挫敗感消散的期間，所能做的事情就是好好照顧自己。同時，我們也會鼓勵你對自己、對孩子要有信心。

想想看

1. 列出兩件你和孩子一直僵持不下的事。你要怎麼改變環境來減緩或是消除這些分歧？

2. 你可以怎樣轉移孩子的注意力，不要去碰不該碰的東西，同時用溫和堅定的行動，而不會繼續陷入權力角逐的循環？

3. 權力角逐過程中，你是否看見孩子展現哪些新的技巧？這些屬於孩子發育階段能力範圍嗎？這些是隨著孩子成長時，能對他有益的技巧嗎？是否能改用正向而能帶來實質進展的方式，來讓小孩練習這些技巧？

4. 列出哪些事情能幫助你順利度過這些完全挫敗而沒轍的時期。

第十章

氣質：每個孩子與眾不同的原因

多數家長心中都有「完美寶寶」或是「完美小孩」的幻想：不常哭鬧、整晚安睡、白天也睡很久、吃東西不會吐掉、自己一個人玩、看見嬰兒床上的吊飾就笑嘻嘻且發出小天使般的咿咿呀呀聲。遇到這種令人稱羨的嬰兒，我們會說：「噢，真是個好寶寶。」可是，難道不符合這種描述的孩子，就是「壞」寶寶嗎？

完美小孩的迷思

沒有所謂「壞」的嬰兒或是小孩，就算多數嬰孩都不符合前述夢幻情況。嬰兒出生時各有不同的個性，家有兩個孩子（或更多）的父母都知道這點。事實上，真有「完美小孩」

的話，我們還要擔心他長大後可能沒有足夠安全感來探索外界，且對自己是誰感到迷茫，他還會害怕犯錯、害怕不受認同。當然，還是有些寶寶不僅符合夢幻條件，也有安全感，又不怕犯錯，這些就是「很好帶」的孩子。

每個孩子出生就具備獨特的方式來處理感官資訊，並回應周遭的世界。學者崔絲（Stella Chess）與湯瑪斯（Alexander Thomas）列出孩童氣質的九個向度，並進行了長時期的縱向研究來探討人格。這些氣質（temperament），也就是促成個體人格的各項特質與性格，描述了孩童的「個人風格」。研究學者堅信，許多氣質是與生俱來的，也就是孩子本身的一部分「大腦迴路」。然而，父母和嬰幼兒互動的方式，會對這些天生傾向的日後實際發展方向產生遠大影響。這個過程很複雜，學界尚未完全瞭解。①

氣質之研究

雖然態度、行為和判斷會隨著時間和經歷而改變，氣質則是一輩子的。氣質不分好壞對錯，而是各有差別。瞭解小孩獨特的氣質，可讓你和他一起學習、成長，活出精彩生活。

氣質理論方面的科學研究起自於一九六〇年代，一直延續到一九七〇年代，根據主動、被動兩大類的氣質來進行縱向研究。研究顯示，這些氣質會伴人終生，亦即被動的嬰兒傾向於長大成為被動的大人，主動的嬰兒傾向於成長為主動的大人。

崔絲和湯瑪斯把氣質理論大幅擴充，不過他們的九項氣質還是符合原本主、被動兩大類型的框架。從崔絲和湯瑪士兩人開始，其他像是凱根（Jerome Kagan）和羅斯巴特（Mary Rothbart）等學者也開始投入氣質相關的研究，並開發出不同技術來衡量嬰幼兒天生的特質。描述和衡量氣質的方式有很多，我們還是介紹崔絲和湯瑪士最早提出的九項氣質，以便於家長和照護者理解，且較容易用來觀察孩子的氣質。

家長真正搞懂氣質時，回應孩子時就更能夠鼓勵發展和成長。**一旦能夠理解和接納，家長就能夠幫助孩子盡可能發揮潛能，而不是企圖把他們改造成完美孩子。**瞭解小孩的獨特性情（或許還有瞭解你自己的性情），將能讓你能更有效教導孩子並與他建立情感連結。但別忘了，孩子的性情還有些有好些變化，而且你的期望很可能會變成自我印驗的預言。請運用以下的資訊來加深自己的理解，並加強和孩子之間的連結，而不要用來預測他們的

①詳情見《認識你的孩子》（暫譯）（Know Your Child）或崔絲和湯瑪斯的其他作品

行為。

孩童九項氣質

氣質的九個向度分別是活躍程度、規律性、起初反應（趨避性）、適應力、感覺閾值、情緒性質、反應強度、注意力分散度以及堅持度。有些氣質會稍微相互重疊，因此不用煩惱要如何精準測量。所有孩童的每項氣質都有不同程度的表現。以下分項介紹將描述氣質在實際生活中的具體樣貌。我們一一檢視每個向度時，你可以同時想想你認識孩子的狀況。

1. 活躍程度

「活躍程度」指的是肢體活動，還有活動／靜歇兩者時間的比例。舉例來說，活躍度高的嬰兒可能在泡澡時會大力踢水，潑灑水花，洗完澡浴室地板都濕了，而活躍度低的嬰兒洗澡時可能面帶笑容，享受著浴缸水溫帶來的觸感。活躍程度會影響父母和孩子的互動方式，譬如，活躍孩童的父母也要更活躍、更有警覺心。

在海灘，媽媽躺在六個月大的寶寶貝利身旁，媽媽懇求小孩靜一靜，她說：「只要靜下來一兩分鐘就好，行不行？」同時小孩的腿猛踢，不斷把沙子噴到她臉上。

兩年後，貝利的弟弟傑克森出生了。媽媽不時就會小心翼翼地走進弟弟房裡，把手指放在弟弟傑克森的鼻子邊，確保他還有呼吸。養育活潑好動的貝利的經驗，讓媽媽難以相信嬰兒能夠連續睡這麼久。貝利和傑克森讓她見識到孩子的性情差異之大。

要是你的小小孩活躍度很高，你可能要多提供機會讓他安全探索和遊玩。（務必要先在居家環境中做好兒童防護措施！）他靜下來專注於一項任務之前，可能需要先多做些肢體活動。活動量降低的嬰幼兒可能要別人主動邀請他來探索環境，你可以給他顏色鮮豔的玩具、有趣的聲音和笑容，溫柔鼓勵他和外界世界多互動。你在做任何計劃時，也別忘了考量孩子的活動量，這樣較能避免問題，也能提供符合孩子需求的適當肢體運動。

2. 規律性

「規律性」指的是生理機能的可預測程度，像是飢餓、睡眠和排便。有的嬰兒每天都在早餐後固定排便，也有嬰兒排便時間每天都不一樣。有小孩午餐是吃最多的一餐，也有晚餐吃最多的小孩，也有每天哪一餐吃最多都不一樣的孩子。

小傑奇兩歲時順利完成如廁訓練，讓媽媽感到很驕傲。她每天早上起會多次讓他坐上兒童便器，而他是早上固定排便，接下來每次坐上兒童便椅就會排尿。但其實傑奇並沒有達成如廁訓練，受到訓練的是媽媽。因為傑奇時程很規律，所以每當媽媽想起來要帶他上廁所時，他就會上，可是媽媽一忙而忘記時，就要清理一堆便便。

要是你的小小孩每天都會固定進食和睡午覺，而你若沒有配合他的時程，問題就會很大。請留意小孩的規律性，這樣才能在需要時提供食物或是兒童便器。

3. 起初反應（趨避性）

這項氣質講的是小孩對新情境或刺激所產生的反應，像是新食物、玩具、人物或是地方。若是有趨前反應的孩子，可能會笑呵呵或微笑，新的食物拿起來就吃、新玩具也會伸手去拿。退避反應的孩子看起來較負面，用哭鬧來表達，要不然就是不吃、推走新玩具。父母必須辨識出這些訊息，並

且用鼓勵及培育的方式來回應孩子。

對於新食物、陌生人或其他新體驗，有的寶寶是開心接受，有些寶寶則會排斥。

因為工作關係，泰德每個月都要長時間出差。他回到家想要抱起出生不久的女兒伊莎貝爾時，她會身體僵直、抗拒、哭泣。泰德傷心極了，因為他很疼愛這個孩子。自從他瞭解孩童氣質的差異之後，他就知道女兒對於任何新的改變，起初反應時都會特別有警戒心。於是，每次出差回來，他都會用更溫和、較漸進的方式，由媽媽抱著伊莎貝爾，他輕按寶寶的腳底，摸摸她的手臂，對她輕聲說話。雖然伊拉貝爾還是要較長的時間來熟悉爸爸，但這方法讓她能慢慢適應。如此一來，泰德不再感受到遭拒絕，也更能體會女兒的需求。

要是你的孩子歡迎新體驗，恭喜你，這樣親子都比較輕鬆。不過，要是你的小小孩需要較長的適應時間，可以用循序漸進的方式讓他適應新改變和新情境，而不要把他這種反應看得太嚴重。

4. 適應力

適應力和趨避性有些重疊，指的是孩子長時間如何應對新情境，也就是調適與產生改變的能力。有些孩童起初會吐掉新的食物，但多試幾口就會接受。也有孩童不管是接受新食物、新衣物或新的幼幼班時，速度都很慢，甚至根本無法接受。

娟娜兒子出世時，他的哥哥姊姊已經上國中小了，忙著參加各式各樣的運動、音樂班等活動。因為他們生活緊湊，寶寶很少能在家固定午覺小睡，但這不成問題。這個寶寶適應力很強，在哪都能安睡，不管是在籃球場或賣場購物車上都沒問題。

另一方面，鄰居凱特就不一樣了。寶寶安娜如果沒有午睡，情緒就會一發不可收拾，又哭又吵又鬧的。而且安娜認床，外宿時她大半夜都還醒著不睡。安娜適應力弱，要是沒照顧到她的性情，全家人都要跟著受苦。

大人往往想要迫使孩子配合你忙碌的行程，畢竟多數家長每天都有很多事情要忙。但是聰明的家長會顧慮小孩的適應力來調整自己的時程，這樣或許要多花一倍的時間來辦事，但孩子期間都更冷靜、更開心，這樣其實更好。

5. 感覺閾值

有些孩童睡覺時，房間門一開就會被驚醒，用再輕的力道開門也一樣。有的孩子睡覺時，就算天崩地裂他還是繼續睡。每個孩子對於感官接收（觸覺、味覺、視覺、嗅覺和聽覺）的敏感程度都不同，也會影響到他們的行為以及對這世界所抱持的觀點。

瑪洛莉八個月大時，外婆帶她出外遊玩。當日天氣和煦，草坪春意盎然且綿軟舒適，但是瑪洛莉雙膝一碰到草皮，馬上把屁股高高舉起，用四肢撐住地板，絕不讓膝蓋碰觸到刺刺的草。

同一天下午，瑪洛莉的表姊娜麗也來這裡玩。她媽媽剛把她放在草皮上，她立刻就到處爬，就連遇到小徑的時候都沒慢下來。娜麗的高感覺閾值讓她成為勇敢無畏的探索者，而瑪洛莉對於新質感和體驗的反應讓她更為謹慎。

時間和經驗會讓你漸漸瞭解孩子對於身體感官和刺激的敏感程度。聽見聲音或音樂他是喜歡還是開始哭？看見鮮豔閃爍的燈光，他是感到著迷或是把臉別開？他會呼嚕嚕吞下新奇的食物，還是會小口小口啃咬，甚至完全吐出來？他喜歡人觸摸和擁抱，或是有肢體接觸時會掙脫？

如果你的孩子對於新刺激特別敏感，在讓他接觸新玩具、新體驗和陌生人時，要放慢步調。柔和的燈光和安靜環境能讓他鎮定下來，而嘈雜、擁擠的地方（像是生日派對、遊

感覺處理障礙

有些兒童深深受到感官的影響。有些兒童的大腦沒辦法順利判讀視覺、聽覺等感官資訊。有的孩子覺得穿襪子會「痛」，或是上衣「太緊」，但也有小孩對任何刺激都沒有明顯反應。有些孩童會搖晃、甩動或是撞擊頭部來產生感覺，並覺得這些產生震盪感的舉動很舒服。這樣的孩童可能有「感覺處理障礙」（sensory processing disorder，SPD，又稱感覺統合失調／sensory integration dysfunction）。透過治療，可幫助他們判讀感官資訊，並感到更加舒適。要是你懷疑小孩對感覺的反應和同齡兒童不一樣，最好洽詢小兒科醫師來評估。（詳情請見 www.spdfoundation.net。）

樂園或是熱鬧的大賣場）會讓他心情緊張或浮躁。較不敏感的孩子可能比較願意嘗試新體驗，多給他一些探索和實驗的機會吧。

感覺閾值較低的孩童，可能需要獨自時間來哭泣並釋放整個繁忙下午累積下來的壓力，才能靜下來入睡。為了尊重他的需求，可給他安靜的環境，裡頭放一些書、動物布偶或輕音樂。不適宜繼續和他說話、摟抱或給予其他過度刺激。而感官閾值較高的孩子，則可能適合摀臉躲貓貓遊戲，或是家人邊嬉鬧邊晃蕩走動。

6. 情緒性質

你有沒有注意到，有些孩子（或成人）用愉快心情和接納的態度迎接生活，而有些人則對任何人事物都相當挑剔？有的寶寶喜歡家人對他微笑和說寶寶語，也有的寶寶覺得非得哭一會兒，沒有特別為什麼。

媽媽搔寶寶布蘭特的腳趾頭時，他會開心微笑，他稍長大後，燦爛的笑容更是讓媽媽心暖到都融化了，而且不管什麼活動，他都會這樣燦笑。

接著寶寶庫萊葛出生，被騷腳趾頭時，他不會笑而是會哭，對任何事情都不覺得好玩，隨時看起來都是心情糟透了。庫萊葛長大成人後，還是不苟言笑，但他是個懂得付出愛的爸爸和兒子。布蘭特長大後也是個慈愛的父親，還是常常笑開懷。

要是你的小小孩個性較陰鬱，要放寬心。小小孩緊皺眉頭不是針對你或是你的教養方式。多注意他的心情，也花點時間來拍拍這個沉穩的小傢伙、按摩他圓潤的雙頰，並把自己的開朗陽光分享給他。他長大的過程中，多幫助他看出這世界美好之處。

要是你的寶寶對世界展露開心閃耀的笑容，享受他的性情所帶給你的禮物，不要澆熄他的熱情，可以用他愉快的觀點來細細品嘗每一天的日子。

7. 反應強度（和心情性質重疊）

孩童回應周遭事件的方式不盡相同。有些安靜笑一笑或瞄一眼，接著繼續做手邊的事，有些有行動和情緒上的反應。有的孩子喜怒全寫在臉上，開心時就嘻笑或是大笑，生氣時就鬧翻天。有的孩子對外在事件沒特別反應，可能需要你鼓勵他參與遊戲或是其他互動。

在班上，一個好奇的同學扯了瑪雅的頭髮，瑪雅的嚎哭聲把老師嚇壞了，簡直像是要送急診似的。這個好奇的小調皮也扯了胡安的頭髮，但胡安繼續玩他的積木，幾乎沒抬頭，只是把他的手給拍掉，就像是要趕走身旁的小蟲一樣。

瑪雅的媽媽已經知道，要先靜待一陣子，等瑪雅的起初反應稍微消退後，再來判斷事情的嚴重性。而胡安的媽媽知道，如果胡安大哭，事態一定很嚴重，否則他平常不會有這麼大的反應。父母要根據每個孩子的反應強度，用不同的方式和他們互動。

只要知道你小孩獨特的性型，你就能夠調整環境，讓他可以安全探索，且保持情感連結和好奇心。

8. 注意力分散度

一名父親說：「要是讓我小朋友坐在一盒積木前，旁邊發生什麼事他都不會抬起頭。」一名母親則說：「餵奶時，要是旁邊有人走近，寶寶不僅會望向那個人，還會停止吸吮的動作，直到人走開才繼續。」他們可能不知道，自己所講的是孩童的「注意力分散度」，也就是外在刺激對孩童當下行為的干預，以及他是否願意轉換注意力。

每當喬伊進到客廳，就會奔向電動遊戲機。他的保母把他抱起，帶他去玩玩具，有時能成功引開他的注意力一兩分鐘，但不出多久，他又會重新往遊戲機的方向走，方位設定之精準，簡直連飛行員都會欽佩。喬伊能夠全神貫注做一件事（未來這可能是他的優勢），可是現在疲累的保母必須設法把他從遊戲機旁帶走，或是想辦法讓喬伊不要一直黏著遊戲機不放。

班恩拿起爸爸的智慧型手機，想放入嘴巴嚐嚐味道。爸爸阻止了他，又逗一逗他，接著把手機替換成一片烤麵包。班恩咯咯笑，根本沒注意到手機變成麵包了。班恩容易分散注意力，因此要照顧這個小孩較容易。

要是小朋友容易轉移注意力和重新被指引，我們可以使用「分散注意力」和「重新導向」這兩個工具來教養他。我們也不必因為孩子容易分散注意力（或是極度專注）而感到灰心，反倒可以想想如何能讓環境變得更安全、更適合探索。把心力放在解決辦法上，認識且接受他天生的性情。

9. 堅持度和注意力持續時間（和注意力分散度重疊）

「堅持度」指的是孩童面臨阻礙或困難時，是否有意願從事一項活動。「注意力持續時間」指的是不間斷從事一項活動的長度。這兩項特徵之間彼此相關。若孩子持續半個小時都在撕開雜誌而且不生厭，那麼他的注意力持續時間偏長；十分鐘之內就換了十種玩具的小朋友則持續時間較短。這兩種特質並無優劣之別，只是會帶來不同的育兒和教導挑戰。

寶寶伊蒂絲過去半小時都坐在兒童高椅上，把圈圈餅排成好幾列，有時候還會發現圈圈餅剛好可以套到手指頭裡當戒指。而她的雙胞胎妹妹艾瑪早餐吃到一半，就把穀物、碗和杯子都扔到地上。艾瑪會拆解收納鍋具的櫥櫃，探查暖氣出風口，還常想闖進浴室裡。同時間裡，伊蒂絲很耐心地一直在排列圈圈餅。

將來艾瑪可能會成為優秀的體育播報員，因為她的靈活度能夠跟上快速變化的賽局情勢和瞬間動作。而伊蒂絲很適合成為研究學者，因為她的注意力持久度很適合用來觀測培養皿。這兩個女孩的性情，都能在適當情境中帶來優勢。明智的父母和照顧者會教導、培育和督導她們，幫助這對姊妹完全發揮天生性情中蘊含的潛力

是正常發展，還是有病？

問：我兒子三歲，好動得不得了，都不睡午覺，無法坐著看書，隨時都在動。我盡可能找事情讓他做，但他五分鐘就玩完箱內所有玩具。我姊姊說他這麼「過動」且注意力不持久，可能有注意力缺失症，要就醫治療才行。請問我該怎麼做呢？

答：就這個年紀而言，兒子的行為較可能是天生性情和發展能力所致，而不是患有注意力缺失症（attention deficit disorder，ADD）或是注意力不足及過動症（Attention deficit and hyperkinetic disorders，ADHD）。你兒子活躍程度高、堅持度低而注意力持續時間短，現在會讓你養育他特別辛苦，但對他最好的方式是接受他的性情，想辦法建立條理和慣例。要使用溫和堅定的方式來教導他，並維持他的活力和參與度。是否有 ADHD 要到六歲以上才能確診。現在有許多正向教養的工具，都能幫助活潑好動的孩子學習在家和在校的職責，無論他是否有 ADHD。

要是你的孩子較缺乏耐心和毅力，有些方法可以讓你幫助他適應這個常常令人挫敗的世界。如果你們要排隊看醫生，記得帶一些吸引他的物品。碰到艱難的任務，就劃分成容易達成的小步驟。他感到氣餒時，讓他明白你能懂得他的感受。針對較有恆心而不容易分散注意力的小小孩，多推他一把，讓他嘗試新的事物。可以的話，給他充足的時間來滿足好奇心，不要催促。

「適配度」

崔絲和湯瑪斯等學者強調「適配度」（goodness of fit）的重要性，也就是孩童與同住找或照顧者之間，必須找到雙方需求的平衡。要是瞭解小孩子的性情，就能減少你們雙方的挫敗感，容易朝著「適配」方向前進。孩子的生活中，為了要努力勝任任務並尋求歸屬感，壓力已經夠大了，要是大人又期望孩子成為另一個樣子，只會徒增壓力而已。

瞭解孩子的性情不等於聳聳肩說：「反正這孩子就是這樣。」而是要透過耐心、鼓勵以及溫和且堅定的教導，同時顧及他性情所需，來幫助孩子發展出適當行為和技能。譬如，注意力較短暫的孩子依舊需要學習接受條理規範。提供有限選項這種做法，既能尊重孩子需求，同時能符合「情境需求」（適合當下環境的妥當行為）。

同樣地，也要瞭解你自己的「個人風格」，並且體認到無論你多愛孩子，親子之間的性情可能不易磨合。為了達成最佳適配度，你必須辨識出孩子與你雙方的性情特點及需求。例如孩子的睡眠作息不規律，而你到了晚上十點後眼睛都睜不開了，你們的適配度就很低。理解性情能讓你進行調整，以求提升適配度，重點是要找到「平衡」。你寶寶可能因為性情的緣故而無法整夜安睡，但他可以學習在清醒時獨處，而你也可能需要輕柔地走到他身邊，輕柔摸摸他或拍拍背，輕聲說一些愛的話語，接著讓他自己回到夢鄉。

首先，要先判斷出適用全家人的方式，不要忽略任何人的需求——包含你自己的需求。要是父母疲憊而暴躁，對孩子來說也不是好事。孩子不睡，對他吼叫、威脅或完全不理會也是沒用的。

若孩子屬於「不容易分散注意力」的類型，要讓他變換進入下一個活動，就需要父母用耐心預先準備。當「規律性低的父母」碰到「規律性高的孩子」，則父母必須學習定時開飯、建立日常生活慣例，而孩子則要學習接受偶爾出現的變動，或是吃飯時間遲延時可以先吃一點餅乾，從而發展出孩子的個人彈性。

從好的方面來看，父母和孩子是可以相互適應的。人類大腦天生就能回應並適應我們所處的世界，只要帶著耐心、敏感度和愛，去學習和平共處，不過需要一點時間及練習，才能找出平衡點。但爸媽只要願意去接受、配合孩子的性情，久而久之親子雙方都得益。

正向教養的技巧適用於各種氣質的孩童，因為這些技巧帶有尊重且促使孩子學習合作、責任感和生活技巧。理解氣質也能讓你瞭解為什麼有些方法有效、有些無效，需要視孩子的氣質和需求來應用。

獨特性和創意

家長和照護者可能沒有察覺到，他們（通常是下意識地）相信完美小孩迷思的同時，將扼殺孩子的獨特性和創意。成人很容易偏愛「好帶」的孩子，希望孩子守規矩。這點也牽涉到自我意識。要是你的孩子在他人眼中不是「乖孩子」，你可能會擔心他人看法，害怕自己「不是個好父母」。

崔絲和湯瑪斯之所以會想要做氣質相關的研究，有一大動機是想要阻止大家把孩童特徵怪罪到母親身上。崔絲和湯瑪斯曾說：「兒童的氣質，會主動影響到旁人的態度和行為，包含家長、家人、玩伴和師長，進而也形塑這些人對該兒童行為發展所產生的影響。」也就是說，親子間的關係是雙向道，彼此相互影響。

難道說，前面故事中行為迥異的雙胞胎，母親會是兩個不同的人？大家可能輕易就認定：伊蒂雅芙安靜專注，想必母親教導有方；艾瑪好動又亂跑，那麼她母親「不會管孩子！」我們要時常自問：「你是想找出歸咎對象，還是要找出解決辦法？」要是因孩子氣質所引發的行為而怪罪他們，這樣不合情理且缺乏尊重，甚至也沒用。我們越瞭解氣質，知道越多有效的教養技巧，就越能想出法子來幫助孩子發展成有能力的人，無論他有哪些獨特和與眾不同之處。

要追求的是進步而不是完美

就算父母有了足夠的理解，也有最佳的出發點，但還是不容易面對孩子的氣質和行為。你自己可能耐性不夠，可能容易隨著他人的行為而起舞，行動之前沒有想清楚。你有了意識和理解，不表示就能表現完美，犯錯還是難免的。然而，一旦你犯錯後能夠花點時間冷靜下來，接著就必須道歉，然後與孩子一起解決問題。孩子通常都很樂意原諒你，尤其是知道你也會用同樣方式對待他。很重要的一點是，要幫助孩子求取進步，而非要求孩子完美。你也可以給自己這樣的禮物。

溫和且堅定

德瑞克斯不斷呼籲家長和照護者要用溫和且堅定的態度來對待小孩。（讀者應該也已經發現了，我們也是這樣不斷重複！）理解氣質這回事後，溫和且堅定就更顯重要了。溫和表示尊重孩子和他的獨特之處，堅定則是尊重情境所需，包含孩子發展時需要學習社交技能。理解和尊重孩子的性情，就能更幫助他完全發揮潛能，成為有能力、有自信且滿足的人。這樣還會帶來一個好處，就是你的日子能過得更輕鬆、有更多歡笑，在過程中更瞭解孩子和你自己。

想想看

1. 以下是九項氣質。在每一列中，點出最貼近描述你孩子氣質的位置。接著，換另一個顏色的筆來點出你自己的氣質。你們之間氣質的吻合度高嗎？這會對你們的互動方式產生什麼影響？你也可以用圓點來畫出代表你伴侶或其他孩子的情形。

1. 活躍度

活潑 ------ 不活潑

2. 規律性（身體機能的可預測程度）

易預測 ------ 不易預測

3. 起初反應（對新事物的反應）

趨前 ------ 退避

4. 適應力（長期的調適能力）

適應快 ------ 適應慢

5. 感覺閾值（對於感官刺激的敏感度）

敏感 ------ 不敏感

6. 情緒性質

樂觀 ------ 悲觀

7. 反應強度（對事件的反應）

反應激烈 ------ 反應溫和

8. 注意力分散度（小孩轉移注意力的意願）

高度專注 ------ 易分心

9. 堅持度與注意力持續持間（能長時間專注於一項活動的能力）

堅持／注意力持久 ———— 放棄／注意力不持久

2. 理解小孩的性情後，你是否有什麼想法，來建立實用的生活慣例表，幫助孩子適應改變，以及解決家居安排的問題？

3. 要是你的氣質和小孩氣質之間不是很「相配」，你要如何照顧自己來盡可能維持耐心和彈性？（記住，照顧自己是照顧孩子的重要一環。）哪些改動有機會能提升不同氣質之間的適配度？

4. 用日誌記下可以改變哪些日常慣例，以幫助你和孩子獨處和與人相處時都更順利。這星期選擇一兩個做法來實行看看吧。

第三部

孩子的世界

第十一章

鼓勵：如何培養自我價值感、自信和韌性

德瑞克斯曾說過：「孩子能自己辦到的事情，就不要替他做。」孩童透過經驗和練習來發展出健康的自信感，以及對自我能力的信念。撫慰哭泣的嬰兒來滿足其需求是適齡發展階段的作法，但更大的孩子感到灰心喪志的時候，就該協助他學會靠自己解決問題，而不是為他做太多事情。

葛蘭達給凱席一杯牛奶配午餐。凱席皺起眉頭說：「不要這個杯子。」

葛蘭達大嘆口氣，接著發現這是個教導年幼兒子的機會，於是她用輕柔的語氣說：「你想要別的杯子的話，要怎麼做才能拿到呢？」

凱席這時沒什麼學習的興致，哀嚎道：「拿不到啦。」

葛蘭達說：「這樣啊。我們要怎麼解決這個問題呢？」

這個新的想法激起凱席的想像力，他不再哀嚎而思考了起來，他問：「爬上去拿？」

葛蘭達說：「那樣太危險了。還是說把杯子放到這裡的低層架子？」

凱席說：「好！」臉上掛起燦爛的笑容。不出幾分鐘，母子倆在低層架子裡重新擺放了凱席挑選的杯子。他選了一個，接著拿到餐桌，得意洋洋地把原本杯內的牛奶倒入新的杯子裡頭，過程中灑出好些牛奶。

葛蘭達非但沒感到氣惱，反倒是注意到另一個教導的機會。等凱席開心喝幾口牛奶後，她說：「我發現有灑出來喔。現在要做什麼事情來清理灑出來的牛奶呢？」

這時候，凱席覺得自己充滿能力，他趕緊下了座位，去水槽底下拿出吸水抹布，接著把灑出的牛奶擦拭乾淨，接著把抹布放在餐桌上。

看來凱席今天很開心且很有意願參與，於是葛蘭達又問了：「你知道要是抹布吸了牛奶後，我們放著不管它，會發生什麼事嗎？」

凱席仔細端詳抹布，但看不出所以然，於是好奇地問媽媽：「什麼事？」

葛蘭達開始說明：「牛奶會變酸，然後抹布就會變臭臭。」凱席聽到他很喜歡聽到的

話！葛蘭達看到他全神貫注後，說：「我們要在水槽裡把抹布好好洗乾淨，再放回去水槽下面。你想要練習洗抹布嗎？」

凱席才不會放過玩水的機會。葛蘭達示範要怎麼扭轉抹布來把水瀝乾，然後接下來十五分鐘內，凱席站在他的小板凳上清理抹布。

這樣要花很多時間嗎？是呀！值得嗎？當然。凱席學到了自己的需求和慾望受到認可，而且他有能力自己照顧自己。**要建立孩子的自我價值感，所需要的不只是對他說的話，還要和他一起接受挑戰，取得成功，讓他「體驗到有能力感」**。凱席媽媽花費心神來教導技巧，讓他能感受到自己有能力，而不是和小孩爭執或是向他妥協。她鼓勵小孩產生能力感，並且相信他有能力來達成任務（只是有潑灑出來）。這就是溫和堅定、符合發育階段教養的實際演練，也是真正情感連結和鼓勵的體現。

接受錯誤並從中學習

父母和孩子有一個重要的共通點：雙方都不停犯錯，就算學得再多或是懂得再多。只要是人，難免都會忘記原本就知道的事情，難免陷入情緒化反應，也就是所謂的「失控」。

一旦你能接受這點，就會知道錯誤是重要的生命歷程和學習機會。

要是你能把這種態度也傳授給孩子，讓他免於「錯誤」和「失敗」的負擔，這不是很美好的事嗎？許多孩童（還有成人）因為害怕做錯事，所以失去了發展健康自主感的機會，沒有勇氣來冒險和嘗試新事物。提出激發好奇心的問題（像是「什麼事」和「怎麼做」），讓孩子從錯誤中學習，這可以在他學習過程中發揮極大的影響力。

「如同植物需要灌溉……」

德瑞克斯提醒我們，孩子需要鼓勵，正如植物需要灌溉。（人不都是這樣嗎？）鼓勵的藝術，是有效教養中的一大重要技巧。研究人類行為與發展的專家表示，健康的自我價值感是小孩所能獲得的最大資產之一。擁有教導技巧、懂得如何鼓勵、永遠保持信心的父母，最能幫助孩子產生自我價值感。

自我價值和韌性：從何而來？

自我價值就是每個人心中的信心和對自我能力的感受。自我價值來自於感受到歸屬感，相信自己有能力（因為親自體驗過自己的能耐，而不是因為別人說你有能力），並且知道自己的貢獻受到重視且有價值。**父母沒辦法直接給予小孩自我價值感，每個孩子都要由自己來形成這種感受**。

自我價值感讓孩子有勇氣在生活中承擔風險，迎接新的體驗。例如腳步還不穩時搖搖晃晃走上階梯、在托兒中心交朋友、年紀較大時加入籃球隊或樂隊。具備健康自我價值感的孩子學到犯錯沒關係，且能從錯誤中學習，不會認為犯錯等於自己無能。缺乏自我價值感的孩童害怕失敗，且通常不相信自己（就算他擁有卓越的才能和能力）。

自我價值和信心當中，有個重要特質是韌性。英文的韋氏辭典對「韌性」（resilience）一詞所下的定義是「遭遇逆境後能夠堅強起來、回復健康或重新獲得成功。」人生中一帆風順而從未遭遇逆境，是不太可能的，跌倒後能夠重新爬起、再度嘗試和堅持下去的能力，則是情緒及心理健康的重要關鍵。孩子的韌性要怎麼培養呢？

說個故事給我聽……

韌性這件事有個特點，是大部份成年人都懂的，也就是講故事。

所有的孩子都喜歡聽故事，尤其是關於他們自己的故事！像是「你

出生的那天呀……」「以前媽媽晚班工作，你在外婆家過夜的時候……」或是「我記得舅舅帶你去動物園那次……」這些故事會增強親子的連結。孩童不只喜歡這些故事，很愛重複聽這些故事，而且這些故事鼓勵他們發展出處理事情的技巧和韌性，就算他們經歷過一些打擊或是創傷。事實上，聽過這些家庭故事的孩子，可能會在經歷創傷時展現出韌性。故事能穩住孩子的心，讓他們更能夠面對外在世界的壓力。你沒辦法保護孩子免於經歷挫折，但你確實能夠給孩子堅實的自我及家庭感，讓他們從而發展出韌性，而故事就有這種效果，知道這點很鼓舞人心。

以「自尊」之名所犯的錯誤

為了培養孩子的自尊，家長和師長可能會訴諸讚美，或是教小孩像鸚鵡般重述「我很特別」這類的口號。但是，孩子（無論年紀）都不斷在對自己和周遭世界產生一些認定看法。家長用讚美或教導口號的方法，可能會讓孩子形成一些長期來看不正確的看法。所以，在討論如何有效建立自我價值感之前，我們先來看看不適當的作法。

無助於建立自我價值感的方式

- 意圖用過度讚美和打氣口號來給予孩子自我價值
- 過度保護或是出手幫孩子擺平問題
- 告訴小孩他很「聰明」
- 希望小孩變得「更好」（或說是變成別的樣子）

意圖用過度讚美來給予孩子自我價值

讚美可能會減損信心，無法鼓舞人。父母不斷告訴小孩：「你真是個好孩子！我以你為榮！」小孩可能會想：「有人和我說我很好，我才好。」他可能會為了不要辜負父母而追求完美，因此備感壓力；他也可能輕易放棄，因為他覺得自己沒辦法達到期望。長期下來，讚美並不像一般人所認為的可帶來正向效果。小小的讚美大概無妨，但帶來的助益可能要讓父母失望了。

過度保護或是出手幫孩子擺平問題

現在的孩子常因焦慮而去心理諮商。世界當然很危險，父母當然有理由擔心孩子的安危和健康，但很多父母過度擔憂，使得小孩根本沒機會去承擔可接受的風險（像是到朋友家玩，或是去郵箱領信）。記得，你的孩子有鏡像神經元，要是你相信這個世界是一個可怕的地方，他也很可能產生同樣想法，並且避免嘗試新體驗，這樣可沒辦法好好培養信心和韌性。

許多父母不希望孩子面對太多挫敗或失落，怕小孩因此受苦，但事實正好相反。受到過度保護的孩童可能會認定：「我處理不好問題，我遇到失落感就活不下去，我需要其他人來照顧我，出手拯救我。」他們也可能認定，讓其他人替他們承擔責任會比較輕鬆。無論是第一種或第二種反應，受到過度保護和得到過多幫助的孩子，都不容易培養辦事能力和對自己的自信。而他們需要能力和自信，才能在成長歷程中面對挑戰。

告訴小孩他很「聰明」

讚美孩子的天賦和成就，讚美孩子在人生歷程中的進步，確實感覺很好。但有些家長為了要鼓勵孩子，一直不停地告訴他們：「你好聰明喔！」其實，這樣的稱讚會帶來意料外的不良後果。

著有《心態致勝：全新成功心理學》的卡蘿・杜維克（Carol Dweck）對此主題做了深入研究。針對智能等特質而獎賞孩童會導致「固定型思維」（fixed mindset），阻礙小孩面對挑戰的能力。杜維克是這樣說的：

經過對上百名兒童的研究，我們取得了即為清楚的結果：稱讚小孩的智能會減損他們的動力和表現。怎麼可能會這樣？小孩不是都很喜歡獲得讚美嗎？是的，小孩喜歡讚美，他們特別喜愛在智能和天賦方面受到稱讚，這會給他們很大的力量，讓他們容光煥發，但維持不了多久。一旦他們遇到困境，信心就會消失殆盡，動力也跌入谷底。要是成功表示他們很聰明，失敗就表示他們很愚笨，這就是固定型思維。

與其看重「聰明」，不如多鼓勵小孩從錯誤中學習、享受挑戰，並且喜愛學習的「過程」，而不要把結果看得太重。

希望小孩變得「更好」（或說是變成別的樣子）

孩子的首要目標就是感受到情感連結和受到接納，要是他們認為自己沒有獲得父母無條件的疼愛，就會受到嚴重打擊。賈維斯是個活潑好動的孩子，他的母親常對他說：「要是你跟強尼一樣安靜和守規矩就好了。」這番話會讓賈維斯認為：「我不夠好。反正我做什麼都沒用，我媽不喜歡我。」記住，會做出不當行為的孩子，是受盡挫敗的孩子。最能鼓勵孩子的方法，就是愛與無條件的接納。這當然不表示父母要稱讚孩子的不當行為和缺點，而是父母要接受孩子真正的樣子、接受他獨特的優缺點，才能給孩子最大的幫助。

鼓勵的藝術

讚美就像垃圾食物，好吃而缺乏特色，也沒有實質營養。每個孩子手背上都可以蓋上「棒呆了」和「做得好」的小小笑臉印章。真正的鼓勵則是別出心裁，注意到個人的獨特之處並加以肯定。

艾咪一歲了，首度準備要展現學步成果。全家人來到了祖父母家，爸爸媽媽、爺爺奶奶和兄弟姐妹都在場時，艾咪覺得展現技巧的時機到了，她對家人面露笑容，放開扶著沙發上的手，接著搖擺幾下，讓人為她捏把冷汗，接著成功向前走，前往奶奶殷切期盼的懷抱中，全家人歡天喜地，「妳辦得到！」每個人笑容可掬說道：「就是這樣，不用急，就快到了。加油，艾咪！妳成功了，太棒啦！」這時艾咪笑得合不攏嘴，沉浸在家人的愛之中。這個，就是鼓勵！

如果是讚美的話，聽起來會像是：「好孩子！真是個聰明的小傢伙！你真是大家的心肝寶貝！」

許多家長搞不清楚「讚美」和「鼓勵」之間的差別。上述情景中，鼓勵是把焦點放在「任務」上，而讚美是針對「人」本身。孩子受到讚美時，會產生「只有在達成任務時才是好孩子」的想法。讚美常常伴隨著成功達成任務才能獲得。而鼓勵是針對人所付出的努力。換句話說，讚美有條件，而鼓勵是無條件的。

弔詭的是，美好的事情過多，反而會讓人喪志。要是孩童每次完成一小件事就獲得歡呼聲，他們很容易就會相信只有在他人歡呼、鼓掌，並且無時不刻給予關注時，自己才受到愛和接納。

小孩正在做什麼判斷？

要理解讚美和鼓勵之間的差別，一個重要的方式是進入小孩的世界。注意看看孩子是不是太仰賴他人的意見，這是讚美會帶來的危險結果。還有，小孩也很愛有觀眾，常常熱切喊著：「看我！看我！」大人其實也不必太糾結於讚美和鼓勵之間的差別在哪，只要知道小孩正在做出哪些判斷。你所說的話傳達出的是有條件還是無條件的愛與支持？

你可以試試這個方法。問問自己，你說的話是否只適用眼前情景中的這個人。你可以用同樣的語氣來對美髮造型師、小狗和伴侶說：「你真棒。」但如果改成說「謝謝你幫我剪了個這麼亮眼的髮型」、「你找到骨頭了，好好吃吧」或是「這個藍色穿在你身上很好看，和平常的感覺很不同」，這些講法就沒辦法相互替換。要是你的用語專屬於特別的人事時地物，則較有機會算是鼓勵。

展現對孩子的信念

艾咪的家人提供鼓勵的最有效方法，是讓她親身體驗走路的過程，且沒必要時不出面干預。艾咪的家人也可能會出手搭救，例如奶奶可能大喊：「小心，那個誰！還不快點接住寶寶！」於是爸媽就撲身向前，握住艾咪的手或把她整個人抱起，而哥哥則可能從後方抓住她的身體來穩住她的腳步。

艾咪確實有跌倒的風險，但艾咪家人給她承擔風險的機會。**風險表示有失敗的可能性，但沒有風險就不會有成功**。艾咪冒了險，自己走路成功。沒有任何讚美能夠替代她當下感到的成就感。自我價值是「我能辦到！」的體驗。為了幫助孩子建立自我價值感，你必須要在「孩子承擔風險、接受新挑戰、探索自己的能力」，以及「你需要保護他們」這兩件事之間取得平衡。

重點在於平衡。想像一個極端的情況：父母覺得絕不能讓小孩在探索環境時受到打擊，或是認為限制孩子的活動會減損孩子的好奇心。因此，年幼的蜜雪兒走上馬路時，爸爸跑到十字路口上阻擋車流，讓蜜雪兒恣意漫步。這並不是鼓勵。蜜雪兒需要的是父母的監督，以及不斷學習十字路口的危險，免得有天她突發奇想自己一個人穿越馬路。

「鼓勵」的意思不是改造這個世界來配合小朋友每次的突發奇想。溫和而堅定地把孩子帶離馬路，也不是限制他探索，而是避免他遭遇危險，免得他誤以為在馬路上亂跑是件安全的事情。明智的父母會衡量適合孩子的選擇以及外界環境的狀況，來判斷哪些體驗能帶來成長的機會，哪些太危險。允許孩子承擔合理的風險（像是爬單槓）和學習新技巧（像是幫忙炒蛋，當然你要在旁督導）才是鼓勵。面對挑戰和體驗成功能建立高度自我價值感。

愛你實際擁有的這個孩子

多數人都會對孩子未來的理想樣貌有些憧憬。你可能盼望孩子文靜體貼、活潑外向，或是擁有某些特質和才能。你甚至可能希望孩子和你一模一樣！（但父母和孩子不見得是同一個模子刻出來的！）

潔妮絲對自己孩子的生活充滿美好想像。她很高興生了個女孩子，於是費盡苦心把嬰兒床裝飾上柔和色系的蕾絲和層層布簾。她為了女兒都還沒長齊的頭髮買了緞帶和蝴蝶結，也在抽屜裡放滿別緻的小連身裙。她找出自己以前的洋娃娃，準備好要和女兒分享這些幸福的點點滴滴。

但這個女孩子想法不太一樣。她不喜歡依偎在大人懷裡，而是活蹦亂跳、完全坐不住。她很早就學會爬行和走路，常常專心投入一些事情而欲罷不能，讓媽媽相當鬱悶。她喜歡拆開吸塵器，一次又一次在廚房翻找東西。她不喜歡嬌滴滴的連身裙，經常弄破或弄髒。

她長大後，喜歡稱呼自己是凱席（比較中性的名字），不喜歡大人給她取的女性化名字。她覺得連身裙蠢斃了，對洋娃娃更是沒有興趣，把它們全都扔到衣櫥裡的陰暗角落，或是拔光它們的衣服，然後在娃娃身上亂塗鴉。她堅決要「借」哥哥的卡車和滑板，還混入年紀比她大的男生群一起玩（不顧男生的抗議），在街頭曲棍球和爬樹方面的表現更是表現傑出。她甚至喜歡蜥蜴和蛇。潔妮絲想要讓她去上芭雷課或是體操課，但只是白費苦心。（有趣的是，等到凱席自己生了女兒後，女兒非常喜歡洋娃娃和連身裙，且年紀小小就喜歡彩妝，這點讓外婆潔妮絲感到欣喜萬分。）

潔妮絲愛她的孩子凱席嗎？這點是千真萬確，但是對孩子表達愛時，最美好的方式是學習愛「這個」孩子，而不是你心目中認為理想，但實際上不存在的孩子。

無條件的愛與接納之力量

所有的家長都會對孩子有想像，這也不是一件壞事情。但是，我們必須要無條件地愛孩子，讓他們感到獲得接納和得到自我價值感，進而培養出韌性和信心。如果你想要鼓勵孩子，幫助他發展出歸屬感及自我價值感，要記住以下幾點觀念。

有助於建立自我價值感的方式

• 接受孩子真實的模樣。
• 耐心等待孩子發育。
• 提供成功的機會。
• 傳授孩子技能。
• 注意自我印驗的預言。

接受孩子真實的模樣

每個孩子都有自己的氣質。他們擁有的能力會讓你吃驚，他們還有自己的夢想，但可能與你所期望的不同，而且有時候他們的行為會讓你大失所望。人很容易拿自己的子女和隔壁家的孩子做比較，或是在手足之間比較，然後認定孩子在某方面較為不足。

人類不太擅長表現無條件的愛，但孩童所需要的就是這樣的愛。切記，就連最小的孩子，也有察覺到父母內心感受和態度的神奇能力。要是他知道自己受到疼愛和接納，就能增長他的自我價值感和歸屬感，因此活得精彩順利。要是他覺得自己未獲接納、令人失望或是惹人厭，剛萌生的自我感就會枯萎，你可能從此就錯失了機會，沒有見識到他擁有何種的能力。請鼓勵孩子成為他能做到的最好樣子，而不是成為別人，這根本不是他自己。

耐心等待孩子發育

發育圖表可以用來追蹤孩童學會做某些事情的平均時程。問題是，沒有所謂平均的孩子！每個人都是個藝術品。光是外貌，就可以看見形形色色的模樣，每個人都是獨特的。而且身體上的特徵只是獨特性的開端而已。如同我們所探索到的，人的性情如同指紋般因人而異，因此我們發育和成長的速度也各有不同。

孩童的發展，不管是爬行、走路或是說話，都有自己的進度。許多童年的問題來自於父母缺乏耐心。當你的孩子預備好時，就會走路、用馬桶，畢竟你總沒看過有小孩是穿著尿布、爬行著去上小學的吧？要是真的擔心小孩發育太慢，和小兒科醫師談談能讓你感到安心，免得讓你和孩子感到難過挫敗。

提供成功的機會

比起滿懷愛意和肯定的言語，更加有效的是透過實際經驗，讓孩子知道他們有能力，可以勝任任務。盡早開始發掘孩子的特殊天賦才能、能力、強項，還有孩子熱愛的事情。

接著，給他機會來嘗試這些事物。

另外，也要給他機會來協助你，擔負一些他應付得來的小責任。若孩子年紀小的時候就得到成功、「我辦得到」的經驗，將是建立自我價值的重要基礎。

傳授孩子技能

真實的自我價值，來自於孩子「體驗到取得成就」，意即學會技巧，且有信心「全靠自己就能達成任務」。確實，幼兒年紀還小，但小小孩能做到的事情可能會對讓你很驚訝。你的孩子有能力把餐巾紙在餐桌上擺好、在水槽裡洗萵苣葉、用抹布將潑灑出來的東西擦乾淨。他還能自己穿好衣服、自己倒果汁喝。他能瞬間就把這些事做到盡善盡美嗎？當然沒辦法，所以你要有務實的期望，帶著滿滿的耐心，不厭其煩教導這些技巧。況且，技巧是健康自我價值及自信的基礎，你教導小孩時，同時就幫助他成為負責任、自立自強的人。

避免自我印驗的預言

有的父母常把兩歲小孩有多恐怖掛在嘴邊，不只夫妻互相提醒彼此，也一直對小孩這麼說。假設爸媽不要一直這樣說，究竟小孩會變多恐怖，實在是令人好奇。孩子有種特異能力，會達成父母的期望。要是你把蠻橫的幼兒叫作「小怪獸」，他盡力往這方面發展時你也就不用太驚訝。同樣道理，你可以讓小孩知道你愛他、接納他，並且相信他有能力可以成功，這樣就能夠培養出他的自信心。

小孩一定會讓你的預測和期望成真嗎？不見得。但別忘了，你說的話和意見對孩子有非常大的影響。要是你告訴孩子說他很壞、很懶、蠢、笨，然後孩子更加表現出你討厭的行為，這也是可想而知的結果。同樣地，要是你盡量找出孩子的優點，就能夠鼓勵這些正面特質。要幫孩子發展出健康的自我價值時，最有力的一項工具就是多關注好的方面。

只要側重於正向的事，正向的行為就會增加。鼓勵表示大人有注意到過程中的進展，而不只是最終的成果。要是年幼的兒子收拾好大多數的玩具車，但落掉了幾件，此時還是感謝他的努力；小孩努力學習如廁，不管成功還是失敗，都給他一個擁抱；小孩自己穿鞋子，但不小心穿反時，還是給他個微笑。鼓勵會讓孩子知道：「我看到你的努力了，我對你有信心，加油！」

多注意小孩的優點並且加以鼓勵，能在他童年和成人期間更順利，並且幫助他肯定自己。（可以使用本章結尾的活動來進一步探索此概念。）

跨出的前幾步

孩子會有很多「初嘗試」，你的孩子需要無條件的支持，他需要知道你對他抱持信心。他需要機會來磨練新技巧，好好邁出前幾步，即使過程晃晃蕩蕩。他需要知道就算犯錯也不用擔心失去你對他的愛。要是孩子能處在充滿著鼓勵的環境、能從錯誤中學習，並且體驗到溫和而堅定的支持，他們就能學會相信自己，並且體驗到即使歷經挫折和失利也能夠東山再起。人類生來就在內心深處擁有自我價值，且就像是任何幼苗一般，都需要滋養、溫暖和鼓勵來變得茁壯。

想想看

1. 盡快列出「你的孩子有哪些你喜愛的特質」。
2. 把這張清單貼在你平常看得見的地方，想到新的內容就加進去。
3. 每天找個時機來欣賞清單中孩子的某件特質。孩子在愛與鼓勵的照亮之下，很快就會綻放。（小訣竅：在一邊口袋裡放一把零錢。每次察覺到自己想起孩子的某個優點時，就把一個銅板換到另一邊口袋裡。目標是每天都要把一邊的零錢全轉移到另一邊。）

第十二章
帶孩子出門前的心理準備與訓練

父母都希望孩子有信心、能肯定自我並且願意合作。鼓勵很重要，但你還可以做其他事情來培養出孩子的自信心。若能讓孩子為將來即將發生的事件做好預備，可以促使他懂得如何應對新環境。如此一來，不僅能夠使自信心發展的歷程更加愉快，也能給他機會來學習可貴的技巧和信念。

姵奇接到了兩歲的兒子艾瑞克，正在返家的路上，這時候她決定要去店裡領回送修的手表。她匆匆走進店內，直接向櫃台出示領取單，艾瑞克緊跟在後。

艾瑞克抓著媽媽的大衣，他從來沒來過這種店，眼前物品目不暇給。他忽然注意到窗邊有一個開放式的櫥櫃，那畫面簡直眩目極了。

午后的日光如金幣般灑落在一組珍藏品上，艾瑞克從沒見過如此華美典麗的物品，裡頭有小巧的水晶動物和人物，在水晶山巔上還有一座小小的城堡，就和艾瑞克最愛的故事書裡所說的一模一樣。他稍稍從不同的角度觀看，都會見到奪目光彩的虹澤。

姵奇還沒不及注意到發生什麼事，艾瑞克就用他那短小圓胖的雙腿所能使出的最快速度，跑到櫥櫃前，他伸手想拿起美麗的城堡，但小指頭不夠力，只把城堡勾落，掉到瓷磚地板上，摔成片片碎塊。

艾瑞克嚇到了，開始大叫，姵奇則覺得羞愧，頻頻賠不是，而且她也氣壞了，因為水晶城堡非常昂貴。

此時姵奇有哪些選項呢？不幸地，不多。她可以賠錢，把幼小的兒子帶上車，信誓旦旦說以再也不要帶他出來了。或是，她可以和艾瑞克一起探索發生了什麼事情，希望他會記取教訓而不再犯（請注意，我們沒有提到要懲罰艾瑞克。打他手心或是懲罰式地送到暫停區都沒用，尤其是因為艾瑞克事前沒有得到任何的教導）。

然而，姵奇進到店家之前可以預作準備，先做好規劃，花點時間來教導。她可以蹲到艾瑞克的高度，或許也能同時把雙手輕放在他肩上，或是把他的手握在自己手中，接著解釋店裡面有很多漂亮的東西，可是伸手去碰觸會弄壞這些東西。艾瑞克只能看，不可以摸。

其實她根本應該要預先規劃好，自己握住小孩的手，因為我們不能指望這麼小的孩子有辦法克制衝動，不要去探索。姵奇也可在自己忙著和店員接洽時，讓艾瑞克有其他事情可以做。要不然就是等下次艾瑞克不在身邊時再自己來拿手表。

有些情況躲也躲不掉，所以要讓小孩知道在公共場所該有的舉止。**花些時間來教導、溫和地說明該有的舉止，並準備好帶一些不會產生太多噪音的小玩具，就能讓你的孩子發展出技巧和信心**，也能讓陪伴你用餐、購物和旅行的朋友們對你心懷感激。

保有尊嚴和尊重

你可能會心想：「等等，聽起是很棒的想法，但孩子一直跟我說不要，那麼我該怎麼樣，才能預先規劃，並鼓勵他發展出信心和韌性？」多數家長都有兩種錯誤觀念，一定要革除這些觀念才能夠有效教養小小孩：

- 我能控制幼兒，讓他們照辦我叫他們做的事

• 孩子是故意要和我唱反調

嬰幼兒還小，成人能輕鬆把他們抱起來到處移動，你可能不小心就誤信自己能控制他們的行為。試想一下，有任何人可以真正控制另一個人的行為、感受或他所認定的信念呢？我們要控制自己已經夠難了！與其期望能夠控制小孩，不如考量學習如何邀請他們一同合作。摒棄掌控的錯誤概念，並且朝向相互合作來努力，能夠讓你保有尊嚴和理智。

你想像中五年後願意與你互相配合的孩子，是現在每時每刻形塑和鼓勵才能養育出來的。相反地，寶寶現在把書從書架上一本一本拉下來弄得一團糟，而你因此經常打罵他，等他六歲時就會拒絕你要求他做的一切事情，等他青少年時若你禁足他一個月，他就從窗戶爬出去。如果重新導向幼兒，讓他去玩安全的鍋具，不要懲罰他，他就會學到合作。他可能在六歲時會願意幫忙拿出洗碗機內的餐具，青少年時會和你協調好合理的門禁時間並且加以遵守。

只要瞭解發育階段和適齡行為，就會知道孩子並沒有故意要唱反調。一歲半的寶寶想拿你的智慧型手機，他的意圖並不是要故意惹你，他只是看見了新鮮、繽紛而誘人的物品，況且你也對這東西如此著迷。他的這種行為不是不乖，而是好奇。一旦你瞭解這點，

就很容易不帶憤怒、不用懲罰的方式來回應了。接著，我們換個角度來研究每個小朋友最愛用的字詞：「不要！」

幼兒對於「不」的認知到底有多少？

三歲以下的兒童無法理解「不可以」，也不會忽然頓悟且完全掌握「不」的要義，因為這是一段發展歷程。「不」是個抽象概念，與幼兒要探索世界並培養自主感和主動性的發展需求背道而馳。你孩的孩子確實可能「知道」你不希望他做某件事情，他甚至知道要是那麼做會惹你生氣。然而，他的實際行為不全是出自於他自己的意圖。

對幼兒來說，所謂知道一件事情，並不像是成人般能把這項知識內化。就算小孩「知道」，他們還缺乏足夠的內在控制力能制止他動手觸摸。尚．皮亞傑（Jean Piaget）等研究學者很早就發現，小朋友缺乏理解因果關係的能力。由此可見，不應該對小孩說教或是要他對你言聽計從。事實上，理解後果和倫理概念的高層級思維能力，要到十歲才能發展完全。這段期間，孩童需要溫和而堅定的限制、耐心教學以及督導。

認知發展——為何孩童無法像你期望般理解「不」的涵義。

• 拿兩團體積相同的黏土，問一名三歲兒童兩團是否一樣大，他可能會說對。接著，在他面前把其中一團壓扁，再問他兩團是否一樣大，他可能會說不，並且告訴你他覺得哪個比較大。五歲的兒童會告訴你兩團是一樣大的，並且說得出理由。

• 找四個透明玻璃杯，其中兩個相同，第三個高瘦，第四個矮胖。把一模一樣的那對杯子盛裝水，並問三歲兒童水量是否相同，他可能會說對。接著，在他面前把其中一杯的水倒入矮胖的杯子，另一杯的水倒入高瘦的杯子，再問他水量是否相同。他可能會說不一樣，並告訴你他覺得哪杯水比較多。五歲兒童則會說兩杯水量一樣，並且能說出理由。

以上兩個例子都顯現了皮亞傑所提出的理論。要是你知道幼兒的認知、解讀和理解事件方式和常人不同，就會調整自己的期望。

另一層次：孩童講出「不」時所掌握的力量

小朋友正在學習如何將自己當作是獨立的個體（進入青少年時期，這段「個體化過程」

會更高漲），這是自然而健康的發展過程，但可能經常會考驗到家長和師長的耐性。幼兒很快就會學到「不」這個字所擁有的力量，或是使用這個字時能帶來的各種有趣反應。親子之間難免會有這種對峙的情形，但父母改變自身的行為，就可減緩衝擊。「不」可分為三種：第一是「不可以」，這個你盡量少說。第二是「我不要」，這個你有辦法減少它出現的機會。第三則是父母要學習去接納的「不用了」。

如何少說「不可以」

有位母親告訴朋友：「有時我觀察我自己告訴兩歲孩子的話，我只聽見我自己一直告訴他說『不可以、不行』。我覺得自己態度很負面，但實在不知道還能怎麼辦。」其實，有好幾種方法可以讓父母少說出「不」字。

- **說你希望「要做」的事情**。三歲的漢娜興高采烈地在教室裡拋擲積木。老師走過去，立刻說：「不准丟積木！」這時，漢娜聽見不可以做的事情，但她可能想不出「可以」做什麼事。若要更有效達到目的，老師可以改說：「積木是要放在地面上玩的」或是「妳好像想要丟東西喔，要不要我拿球給妳丟呢？」**下次想和小**

孩說不行時，問問自己你想要看見什麼景象，接著告訴小孩你希望的事。

- **乾脆說「可以」**。父母常常不假思索就自動回應「不行」。當你正要脫口說出不行的時候，不妨問自己：「有何不可？」我們來看看十六個月大的欣蒂，她在浴室的洗手台玩得盡興，把水灑得到處都是。媽媽走進浴室間，第一反應就是抓住欣蒂，跟她說：「停止！」但為什麼要這樣呢？欣蒂雙眼閃爍著光芒，她沉浸在水的觸感以及水花四濺的奇幻感受當中。衣服溼了可以換，而且她可能會覺得等會兒幫助媽媽拖乾浴室地板也是很好玩的遊戲。換句話說，其實沒有什麼理由好說不的。要是別去管「不行」，而是盡情享受，可能對媽媽和對欣蒂都是更好的做法。

- **試試轉移注意力和重新導向**。用堅定且冷靜的態度把小孩帶離。不要責罵他說不該做什麼事，而是重新引導注意力，譬如說：「我們去看看那邊的小鳥。」

- **提供有限的選項**。你倒了一杯蘋果汁，但孩子說不要，

他要喝柳橙汁。此時你可以持續把蘋果汁遞給他，或是告訴他那麼蘋果汁先收起來，晚點再喝（記住，孩子可能會使出渾身力氣來向你抗議，大鬧脾氣，可是孩子吵鬧不等於你的處理方式不妥當）。下一次，倒果汁之前先讓他選要蘋果汁還是柳橙汁，這樣能給他機會行使適當的權利，又不會造成親子間的權力角逐。

非得說「不」的時刻

小孩子是從哪裡學來「不」的講法的？大概就是從經常把這個字掛在嘴邊的父母和照護者吧。育兒前三年，請盡量只在必要時說不。要是你太常說不，可能會阻礙正常發展，並且製造出沒必要的權力爭奪。

記得，你一定要願意不斷重複「教導」，小孩才會漸漸理解。我們在孩子還聽不懂話時，就已經開始對他們說話，在他們還不懂原因時，就把他們帶離不該做的事物，也在他們還沒辦法用擁抱回應時，就先對他們摟抱。

當孩子不需要刻意思考，就能夠操作一項技巧，這就達到真正理解的境地，但這需要時間。我們的目標是提供溫和、堅定的教養，並且教導適齡發展階段的規範界線，但過程中勢必會犯下不少錯誤。因為嬰幼兒不一定每次都理解，所以只有在搭配其他方法時，說

「不」才會有作用，例如同時採取溫和且堅定的行動。

身教代替言教

教導剛出生到三歲的孩童，說不的最好方式是動手做，而不是用嘴說。德瑞克斯常說：「閉上嘴巴，實際動手。」

兩歲大的奧利佛喜愛書本，但是負責照顧他的欣希亞發現，奧利佛把頁面都撕破了。她輕柔地拿走書，引導奧利佛到書籍角落區。她在那裡幫奧利佛選了一本較堅固的厚紙板書。奧利佛很滿意這本新書，學校書庫也不會又有書被損毀。

兩歲半的麥可在超市裡鬧起脾氣，媽媽把他抱起，帶回車上。她冷靜地把孩子抱在腿上，等到他不再尖叫和扭動身體為止。接著，母子倆再度回到超市裡。那天他們一共回到車上三次。過了幾天後，他們再度來到超市，這次只需要回到車上一次。再隔一星期，只要媽媽把麥可抱起，作勢要走回車上時，他就立刻停止哭聲。這就是提前規劃，並用溫和堅定態度來貫徹到底的實際運用！

說「不」加上擁抱

有個生動的卡通的劇情是這樣的，母親對她的小孩大喊著：「不行！」而小孩回嘴道：「行！」母親又提高分貝喊：「不行！」小孩也尖叫道：「行！」接著母親想起溫和堅定的態度很重要，於是跪下身，給小孩一個擁抱，接著輕聲說：「不行。」小男孩回：「好吧。」

假如你知道小孩懂或不懂那些事情，說不是可以的。父母之所以常覺得挫敗，是因為父母以為只要說「不行」就能讓小孩聽話。

上述例子的兩位大人採用溫和且堅定的做法，因為他們知道孩子有自主力，想要自己做某些事，因此有時會出現不受社會規範允許或危險的舉動。當其他購物顧客盯著麥可母子倆，建議要「好好打他一頓」時，麥可媽媽會感到丟臉嗎？有可能。但她也知道身為母親，職責在於培養小孩的能力感與韌性，提供持續的督導，並且用溫和堅定的行動來重新導向不當行為。教養需要耐心和勇氣，能夠養育出主動、滿懷好奇心且活力充沛的孩子，真的是很了不起的一件事。

大人不必期望只要說「不」，小孩就會照做。大人應該採取實際行動。你可以在說「不能亂咬」的同時，輕柔地把手遮住他的嘴，並且把他帶離，或是在說「不能亂打」的同時，把他抱開，同時示範可做的事：「輕輕摸」。這聲「不」，不如說是對你自己講的，因為這能給你足夠力量來採取溫和且堅定的行動。

小孩應該說「不」的情境

不論你信或不信，孩童也需要學會說不，說「不」是一項重要的生活技能。以後孩子長成青少年時會遇到吸毒、喝酒和其他危險事項的誘惑，你會希望他拒絕這些誘惑。當然，此刻的他現在好像只會說不，因此常讓父母感到束手無策。

父母可以用適當的方式，提供機會讓小孩說不。要是問「你要喝果汁嗎？」小孩回答「不」完全沒有問題。你也可以問：「阿姨離開前抱你一下可以嗎？」因為小孩需要身體自主權，應該要讓他也可以選擇「不要抱」，但阿姨自己要調整好心態，不要覺得受到冒犯。

溫和而不失堅定

我們也可以在不必說「不」的情況下，說出溫和且堅定的話語。請注意以下範例句子當中的轉折講法。

- **認可感受**：「我知道你很想要繼續玩，但是呢，現在該吃飯了。」
- **展現理解**：「我明白你為什麼想要玩而不想要睡覺，不過，現在是睡覺時間了。」
- **重新導向行為**：「你不想刷牙，可是，我不希望你牙齒黏黏的。我們來比賽，看誰比較快到浴室吧。」
- **提供選項**：「你不想睡午覺，但睡午覺時間到了囉。這次是換你選床邊故事，還是輪到我選了呢？」
- **大人提供一個選擇後，決定好你的後續作法，並加以落實**：「我知道你想在店裡跑來跑去，不過呢，那不可以。你可以決定要好好待在我身旁，或是我們一起回到車上坐坐，等你準備好後，我們再重新來到店裡。」

過程與結果

育兒世界裡，很少有絕對的對或錯。本書所提倡的，就是不同選擇和可能性。理解孩子的個人進展，包含他對信任、自主力和主動性的發展進程，還有他的性情、身體發育及認知發展進度，都可幫助你做出對親子都是最好的選擇。接著，我們來看看不同的發育階段，會如何影響孩子的發展。

在一個忙碌的週五傍晚，你準備帶著孩子快速跑一趟大賣場。你的目標很明確，就是要及時拿好晚餐的食材，然後回家準備晚餐，吃完飯後要趕著去大兒子的足球賽。對你來說，去賣場就是要達成目的。但對幼小的孩子來說，這不是重點。**孩童乃是全神貫注於當下的時刻。他們對於生活的想法和體驗與成人差異甚大。**去賣場的重點在於過程，包含氣味、色彩、各種感受和體驗。但在時間很趕的情況下，就無法享受這個過程。

我們的期望是「達成明確目標」，但孩子卻不一樣。不過有時候實在是無法配合孩子散漫的步調，有時候你確實需要快速衝進賣場，拿好雞肉就狂奔回家。然而，如果你知道孩子重視的是過程，而不是成果，這樣你就可以盡量尋求平衡：有時候親子可以慢慢逛賣場，欣賞販花區的美麗花朵和架上的雜誌，一同說說色彩的名字。孩子都是小小的禪修大師，善於專注於當下並享受其中的韻味，這是許多大人求之不得的能力。

要是你行程很趕，可先花些時間向孩子解釋為什麼這一次必須要快速採購。你可以說明他必須要牽住你的手，經過玩具區或看到新奇的東西也不能停下來。你可以問他要不要幫你找雞肉和拿到櫃台結帳，接著就必須走回停車場開車回家。幫助孩子清楚瞭解你的期望，以及接下來要做的事情，就能提高他和你配合的可能性。

運用幽默感，抱持希望

父母能給孩子最棒的禮物之一，就是笑容與希望。要預防問題發生，最好的方法就是改變觀點，找出情境中的幽默之處。你和嬰兒玩搗臉躲貓貓，歡笑就會在你和孩子之間建立起最緊密的連結。小朋友想要幫小狗餵食盤裝水，結果弄得水槽附近到處都是水，請努力露出笑容並感謝他的努力。學習展露笑容，扮扮鬼臉，或是在情境中找出幽默之處，能讓你們一家度過許多艱難的時刻。

規矩和限制固然重要，沒有設限的話就沒辦法好好度日，但是，可以找時間做以下的實驗：**注意你多常斥責孩子、對他下令、警告他會有危險，又或是告誡他不准破壞規矩。接著數一數有多少回你欽佩他的表現、鼓勵他探索或是因為好笑的事件一起**

忍不住笑出聲來。哪一方面數量較多？

現在你明白了負面陳述的不利影響，希望這樣可以鼓勵你，多多給孩子鼓勵，把注意力放在正面的事上。盡可能預先準備。允許自己放鬆一點，多給孩子一個擁抱，或是睡前多聊幾分鐘。有時候最佳良藥就是歡笑，加上適量的導引。

想想看

1. 人很容易只看見問題。無論是對自己、配偶、工作還有孩子，我們可以輕易列出一大堆自己不喜歡的事情。試想一下，要是你的老闆整天只會指出你的錯誤和缺點，你會做何感想？你還會有更加努力的動機嗎？以一日為單位，算算你對孩子說了多少次不行。

2. 下次你快要要說出「不行」時，試試看能不能改成「行」。看有多少次能夠順利轉變。你和孩子可能都會獲得更多鼓勵。

3. 想一件你經常要帶著小孩辦的事。有沒有辦法讓他也參與？出門之前要怎麼規劃和教導小孩，讓你們一起行動的時間更加順利？要是出了錯（學習新技巧時常出錯是正常的），想想能從錯誤中學到什麼事情，讓你們下一次能夠改善流程。

第十三章
睡眠訓練

只要一群爸媽聚在一起，談論的話題一定會有以下情境。

一個媽媽說：「我女兒都不睡午覺，白天一直醒著，晚上早早就睡著，清晨三點又醒來，接著就想要玩。我要怎麼樣調節她的睡眠時間呢？」

有一名家長則說：「我們親子同睡，小孩睡覺沒問題，但我們夫妻反而睡不好。」另一名說：「我們也是親子一起睡，不是因為我們喜歡這樣，而是小孩不願意在自己的床上睡。」

有個爸爸說：「我兒子睡眠沒問題，可是他非常排斥使用兒童便器。他都快三歲了。聽說有的小孩兩歲時就做好如廁訓練，讓我和老婆擔心死了。」

另個媽媽則難過地說道：「我們兒子啊，彷彿光吃熱狗和零食就能過活了，再怎麼勸誘、哄騙、脅迫，統統都沒用，只要我拿別的東西給他吃，他就緊抿住嘴。」

大家都能體會這些爸媽的心情。接下來的三個章節中，將分別談三種長期的親子權力鬥爭：睡覺、進食、如廁。到底是誰讓戰爭爆發的？為什麼？

我們相信，吃、睡、上廁所和其他育兒的親子大戰一樣，都是因為缺乏認知、技巧和信念，以及對自己和小小孩的信心不足所致。

若能理解孩子合乎發育階段的行為，將能讓你擁有必要的觀念，協助小孩學會善用自己的身體。假如吃、睡、上廁所這三件事全由小孩掌控，父母面對這個事實時可以把焦點放在合作技巧上，使家長和孩子都能鬆一口氣。畢竟，身體是小孩自己的！

記得，權力爭奪這件事情是一個巴掌拍不響的。你不能強迫小孩睡覺、吃東西，也不能強迫他上廁所。只有他本人能夠行使這些機能。不過，你確實能用一些尊重且合乎發育階段的方式來促進合作。

只要是人，都要吃和睡才能生存。上廁所則是有著重大社會意義的身體機能。這幾個方面之所以會變成親子戰爭，原因無非是小孩或大人執著於要「獲勝」，不願按照自然方式進行。關鍵是，家長要學習如何引發合作，而不要參與權力奪。

睡覺：可是我又不想睡！

誕生的前三年，孩子睡眠期間比清醒期間來的長，但睡眠作息可能會有好一陣子亂七八糟。要是你幫助小孩盡早學會獨自睡著，就能夠避免許多睡覺時的親子鬥法。一個非常有效的策略是，在嬰兒快要睡著前，就把他放到嬰兒床上。有些家長不敢把快要睡著或剛睡著的寶寶放下來，怕會把他吵醒。但假如他因此醒來，小鬧一陣再睡著也無妨。

只要經過足夠的時間和練習，你就能掌握對小孩最好的入眠方法。你可以比較看看不同作法的優劣，例如房間關燈，還是留一盞小夜燈；放音樂或是保持寧靜；讓房間暖和還是涼爽等等。但無論如何，**睡覺是寶寶自己的功課**。要是你把這個責任攬在自己身上，只會引發爭戰而已。

每個人的睡眠型態不太一樣。有些嬰兒天生性情活躍，有些可能有腹絞痛等身體狀況，這樣的嬰兒在前三到六個月要人多抱在懷中和安撫，等到你和醫師能確實釐清孩子有沒有生理上的問題。只要確定小孩沒有健康問題，就要盡快建立睡眠習慣。

一個人睡

問：我兩個女兒分別是一歲和三歲。她們都不自己睡覺，我要躺在她們身旁等她們睡著才行，通常我也會不小心跟著睡著，這樣我整晚都沒了。事實上，整段就寢過程都像是在打仗。要她們洗澡她們就唉唉叫，要她們穿好睡衣褲上床她們也是唉唉叫。等到兩個女兒終於躺下來，我講完一個故事，她們又吵著要再聽一個。我是全職主婦，所以已經給小孩很多關注了，但好像再多也不夠似的，請救救我吧！

答：要是太晚才協助小孩學著自己獨自入睡，太晚才讓他在入睡過程中學到「我有能力」，家長的困擾反而更大。事實上，孩子的抗拒態度，可能讓你處境艱辛。你在孩子更小的時候，選擇在旁陪她入睡（許多滿懷關愛的家長都這麼做，這是很棒的事），現在你願意再多辛苦一點來幫助她們嗎？

你的兩個女兒可能還會再哭個三到四個晚上，才會接受你是為她們好的事實，以及你會秉持信心來堅決貫徹到底。請使用你的直覺反應來判斷你要用快刀斬亂麻的戒除法，還是循序漸進的階段式作法。要是小孩繼續哭，可以在五分鐘後進房間裡和她們說說話，或是拍拍她來安撫。如果還在鬧，等十分鐘再進去。接著則是間隔十五分鐘，依此類推。不要跟著躺下來，不要抱抱或是太縱容（你可能會懷疑幼兒知道五分鐘和五十分鐘的差別嗎？但重點是，讓她知道只要她醒來，就固定可以找到你。）

有些家長認同上述的方法，也有人覺得這是在折磨嬰兒，讓親子雙方更加痛苦。如論如何，使用快戒法和循序漸進法的家長，在大約三到五天後就能讓小孩學習自己入睡。

有兩種方法可以幫助小孩學習獨自入睡：

1. 要理解到這是你對孩子最大的愛的展現。你向來讓他們享有安全的依附感，但不可以讓孩子以為他們可以要求別人過度服侍自己。

2. 要有信心。他們可以從你散發出的氛圍和肢體語言中感受到你的信心。還記得鏡像神經元嗎？孩子知道你的情緒狀態，要是父母信心十足，孩童就能感受到安全感以及信任。你有信心的話，就更容易既溫和又堅定。相反地，要是你安全感不足，或是小孩哭沒幾分鐘你就放棄而進房裡呵護，孩子學到的是多哭一些，最終讓親子雙方都更灰心。

孩子白天已接受充足的愛，每天早上都可看見你，所以我們不認為孩子在適應獨自入睡時，會因為稍微哭一下就產生不受疼愛或遭到

拋棄的感覺。實際上，教導孩子成為健康、負責之人所需的技能，正是父母付出愛、賦予能力的表現。

若實在不忍心讓小孩哭，你也可以決定陪他睡，只是你得要知道，這麼做可能讓小孩未來多年都要求你幫他做很多事情。

小孩哭泣或抗拒不表示你的教養錯誤。你身為父母，必須做出符合孩子最佳利益的選擇，但他們不見得會領情。要是你不給小孩自行嘗試的機會，他們要怎麼學會解決問題或是培養出韌性呢？

讓就寢時間更平靜

多數爸媽和孩子都會在就寢問題上爭執。以下提供一些方法，讓孩子的睡覺時間更平靜。

- **建立睡前慣例流程**。有固定、可預測的夜間洗澡、刷牙和床邊故事，能讓睡前時間更順利。固定習慣能產生安定、可靠感，這是能帶來夜間好眠的理想氣氛。許多忙碌的家庭每天就寢時間都不同。年紀稍大的孩童或許較能適應，但對幼兒來說規律睡覺時間的重要性不可或缺。

- **創造舒適的睡眠環境**。孩子和父母一樣，對於睡眠環境都有自己的偏好。有些小孩喜歡用夜燈，有些小孩喜歡燈光全關掉；有些小孩喜歡聽見爸媽和家人的聲音，有些希望安安靜靜；有些小孩喜歡輕薄型的睡衣褲，有些則喜歡厚軟好摸、包覆到腳掌的連身睡衣。這些細節不必執著。幫助小孩找到最適合他的組合方式，讓他在舒服的小窩裡放鬆睡著。

- **一起設計出就寢慣例表**。小孩較大時，夜間行程可以做成圖表來觀看。請小孩告訴你他在上床睡覺時該做的事情，同時你把這些事寫下來。要是他遺漏掉哪個步驟，你可以問他問題，像是：「那麼，挑選明天早上要穿的衣服呢？」接著問孩子這些任務要怎麼排序，同時你在上方標記順序。

  接著就是最好玩的時刻。讓孩子擺出執行每項任務的姿勢，然後幫他拍照。由孩子按照先前講好的順序，把照

片貼到圖表上，接著問他想要把圖表掛在哪裡比較好讓他看見。以後就交給他了，要是他忘記做某件事，你只要問：「你的睡覺圖表下一項是什麼？」。這讓他能夠主導，並且產生有能力的感受。

- **鼓勵孩子在就寢準備過程中更加積極**。孩子年紀夠大，父母就不用幫他穿睡衣褲（記住，兩到三歲的兒童正在發展自主力和主動性）。你可以考慮讓他計時看看多久可以穿好，但這麼做目的是好玩，不要用來催促小孩或對他施壓。培養幼兒的獨立自主時，鼓勵是重要關鍵。

- **平日就要練習就寢行為**。你們可以玩「扮家家酒」來讓孩子預備好接下來要做的事。試試角色扮演來模擬哭著上床和開心上床的情景。建議你可以扮演小孩，讓小孩扮演爸媽。記得，這項練習的目的是教導而不是教訓（小孩很喜歡玩這個遊戲，尤其是大人扮小孩搗蛋）。透過練習，可以知道孩子對於睡前流程的理解到什麼程度。用合作的行為來樹立榜樣，並且記得要玩得盡興。

- **避免陷入權力爭奪**。要是小孩說「我不想睡覺」，不要針對這一點和他爭吵。你可以說：「你很想要繼續保持清醒，不過呢，上床睡覺的時間到囉。」或說：「你還不想去睡，可是圖表上說現在是故事時間唷。」這些陳述方式正視小孩的要求，且讓他覺得心聲被聽見了，不過還是得上床睡覺。要同時兼顧溫和且堅定的態度。想要說服小孩他其實很累或是精神不好都沒有用，這只會引起爭論，也保證會爆發權力爭奪戰。不要忘了你的幽默感和赤子之心。許多小小孩抗拒穿上睡衣褲的命令，但孩子卻都想試試看能不能比爸爸換裝得快！

一般來說，權力角力當中有一方會贏，一方會輸。但在親子爭權時，雙方都是敗家，因為等到孩子終於肯上床時，雙方都已疲累而無奈。你有職責要脫離親子鬥法，創造出雙贏的局面。拿出溫和且堅定的態度，繼續執行慣例的流程。問他：「圖表說下一項是什麼？」

- **決定就寢時間要不要同步**。要是你家有好幾個孩子，你希望他們同時間去睡覺，還是入睡時間可以錯開？分別執行兩個孩子的睡前慣例，其實不如你想像的耗時，只要你能把其中部分活動結合在一起。例如，你可以把兩個孩子的沐浴和遊戲時間合併在一起。爸爸媽媽其中一人和較大的小孩玩耍，而另一人幫寶寶穿衣服。或是較大的孩子可以和正在換尿布的嬰兒弟弟玩。孩子有機會能貢獻一己之力，能夠感到參與感且沒有被忽視，這樣輪到他要準備睡覺時，他也會比較配合。

- **決定下一步要怎麼做，然後實際行動**。答應要念一或兩本故事書的話，就要信守承諾。不要讓狀況演變成爭吵。小孩的最佳學習典範就是溫和與堅定的態度。要是他一直要求多聽一個故事，給他晚安之吻後就離開房間。確實，他可能會哭，但你用溫和且尊重的舉動，能讓他學到不能對人情感操縱。
- **讓就寢時間成為分享的時刻**。小孩學會說話後，你可以說：「跟我說說你今天遇到最開心和最難過的事。」你也可以向他分享你的悲喜故事。這是個增進親密感的好方法。（記住，四歲以下的孩童還不熟悉今天、昨天和上禮拜的時間計算方式。他說的最開心之事可能是幾個月前發生的事情，不要為了這種細節爭執，只要享受分享的過程就好。）

• **給他大大的擁抱，接著離開現場**。記得，你越有信心，小孩也會感到越容易。相信自己，把這些建議調整成適合你自己的風格，例如你可以在慣例流程中加入睡前禱告、唱歌或是其他特別活動。讓小孩就寢有時不容易，但你可以充滿信心，知道自己正在幫助小孩學習獨自入睡，獲得所需的休息，並且在過程中建立自信和自尊。

塔拉試了好幾次要幫兒子穿睡衣，但兩歲的泰勒再度尖聲嚎叫，抽開身體，她灰心之餘就放棄了。自從新生寶寶席安出生後，每到就寢時刻就要和泰勒抗戰。塔拉原本就知道孩子可能會因為家裡多了新成員而不安，但她以為她和老公已經讓泰勒做好心理準備了。

自從把席安從醫院接回家以來，泰勒只要爸爸媽媽沒有陪他睡，他就不睡。他晚上常會醒來，也很抗拒整段睡前流程。塔拉嘆了口氣，再次把掉下的睡衣撿起。隔天，她下定決心，要把塵封已久的育兒班筆記給挖出來，此時此刻就要把就寢戰爭劃下句點。

隔天是星期六，塔拉等席安開始小睡後，把泰勒叫到身邊，她微笑說道：「我有個想法。我需要你幫忙告訴我怎麼進行你的睡前慣例。你可以幫我製作一張圖表，讓我們記住要做的一切事嗎？」泰勒喜歡媽媽找他商量意見，於是答應幫忙，然後用好奇的眼神看著塔拉陸續拿出海報板、麥克筆、相機和貼紙。

她拔開一支麥克筆的蓋子，說：「好，睡覺時間第一件要做的事情是什麼？」塔拉和泰勒把就寢任務列出來，一一搭配照片。圖表完成時，塔拉在上頭用特大字體寫「泰勒睡覺時間慣例表」，並且幫助他灑上亮粉。泰勒飛快跑去把他的作品展現給爸爸看。

爸爸很讚賞這個華麗閃亮的圖表，也欣賞兒子的充滿幹勁，但他用懷疑的眼神看塔拉，說：「我覺得這很難說耶。真能帶來什麼改變嗎？」當晚，爸爸問媽媽：「慣例表下一項是什麼呢？」這時泰勒表現之好，讓夫妻倆嘖嘖稱奇。

幾天後，塔拉把成果分享到育兒群組，她說：「泰勒有時還是不想去睡覺，但一旦他知道我是認真的，他就會說：『我的表呢？』我們要按照上面的次序一一完成，要是我弄錯了他還會糾正我。昨天晚上我只念一個故事給他聽，泰勒就提醒我表上寫他可以聽兩個故事。現在幾乎每天睡前他都不再哭鬧了，而且一覺到天亮。他的外公很喜歡這張圖表，還問我能不能以後泰勒長大時，留給他當紀念品呢！」

要記得，沒有萬能的招式，但後面我們會見到，多數小朋友都能在慣例、固定規律和鼓勵下順利成長。

與爸媽同睡一床

親子同睡一床究竟是好還是不好，這件事情大家各有看法。有些書籍提到「家庭親子床」，還解釋了小孩和爸媽同床的好處，認為小孩能睡爸媽的床，會感受到愛和安全感。也有專家認為，孩童和爸媽同睡會變得更任性、更依賴，睡自己的床較有機會能學到與人自信、合作和自主感。《正向教養情境解法大全》①（暫譯）這本書說：「要是小孩自願和你睡同床，那是另一回事……但多數父母並沒有讓孩子選擇，而是直接幫他們做決定一起睡，但孩子未必喜歡這樣的安排。如果是這樣，讓小孩和你同床睡就是不尊重他們的表現。」這點出了重要的情境判別方式。

首先要考慮的是對你最有用的方式，請跟隨自己的內心情感和理性判斷。你覺得小孩在身旁時會讓你難以入睡嗎？要是你是單親爸爸或媽媽，務必要考慮要是未來可能有新伴侶加入生活的情形。有些夫妻認為那樣會阻礙他們的情感與親密關係，況且大人也想在睡前聊天對話、安靜閱讀，或睡前與愛人纏綿溫存（我們刻意不講看電視這項活動，因為這可能比和小孩同睡更影響伴侶間的關係）。

另外，要是你相信親子共睡可以增進感情，那麼在實施時也要顧及安全。美國小兒科醫學會不建議嬰兒睡大人的床，因為會有窒息的危險，嬰兒猝死症的風險也會增加。不過這點並非所有專家都認同。

除了理念思考、情緒考量和安全因素之外，也別忘了，每個孩子和家庭都是獨特的。

當心睡前看影片

問：我家兩歲的小孩每天睡覺前都想看影片，要是我不准，她就不肯睡。有時我們只能放棄，就讓她看電視看到睡著。就算她看了影片，還是不好睡，早上睡醒常有起床氣，心情也很浮躁，請問該如何是好？

答：研究發現，睡前看電子螢幕會干擾孩童的睡眠型態，而安穩的睡眠對成長、健康和學習而言都相當重要。要戒除的話，對親子雙方來說都不容易，但最好在小孩上床前至少一小時就把所有螢幕關閉。你可和女兒一起建立睡前慣例表，用溫和且堅定的方式讓她知道，流程中沒有看影片這項。接著落實圖表內容，讓新的就寢流程成為常規。

① 簡・尼爾森（Jane Nelsen）、琳・洛特（Lynn Lott）的書作（紐約：三河出版，二〇〇七年／New York: Three Rivers Press, 2007）

親子共睡適合你家的孩子嗎？會促進或是阻礙他們發展出自主表現、自信心和自立自強的能力？每個家庭都要針對這些問題找出專屬的答案。我們並不知道「終極解答」，但我們相信父母有能力察覺到孩子是否變得太任性、太依賴了，缺少健康的獨立感。

如果你們家親子同睡，而孩子白天有過度任性和依賴的狀況，就可能要考慮讓他戒除親子同睡的習慣。這個決定可能不容易。如同《讓孩子做自己的主人》（Raising Self-Reliant Children in a Self-Indulgent World）一書中所說，戒除習慣對於督導者和戒除者都非易事，但這卻是可顧及親子雙方成長的作法。

有些父母夜間不讓小孩和自己同睡，但歡迎他們週末早上的時候來「擠一擠」。有些父母會躺在孩子的床上講故事給他們聽，但故事時間結束後就會離開，避免小孩養成吵著要父母等他們睡著才能走的習慣。

再次提醒，用你的智慧來判斷哪種方式適合你和孩子。做出育兒決策時也要多傾聽、尊重另一半的想法，這樣更能更加強彼此的關係。只要斟酌你們的需求，以及孩子需要發展出的技能，考量兩者之後做出取捨，你就能找到適合所有人的最佳作法了。

小提醒：關於寶寶的床

各式的兒童睡床可說是琳瑯滿目。而孩子要睡爸媽房間還是自己房間？要睡嬰兒床或是地板上鋪的床墊？每個選項都有支持者。如果你希望小孩睡在自己的房間，可使用遠端監測器確保孩子的安全。別忘了，重點是要取得平衡，找到對你家來說最合適的方法。

說到平衡，有個較特別的選項是嬰兒吊床，支持者聲稱這種裝備可以幫助有腹絞痛的兒童。就算沒有腹絞痛問題，吊床也很舒適，讓小孩較容易仰睡——仰睡是美國小兒科醫學會建議可用來降低嬰兒猝死症風險的作法。②

戒除習慣

你可能會問：「要是已經來不及了呢？我已經讓孩子養成一些壞習慣，他現在變得很任性。要是我沒有躺在他身邊，或是不讓他和我們夫妻同睡，他就不肯睡。我想要破除這個習慣，他就會大叫，所以我不得不讓步。你講的各種問題都發生了，但孩子大哭讓我實

②參見www.aap.org/en-us/about-the-aap/aap-press-room/pages/AAP-Expands-Guidelines-for-Infant-Sleep-Safety-and-SIDS-Risk-Reduction.aspx

在是於心不忍。」

- **拆除你的「罪惡感開關」**。小孩知道什麼時候可以啟動你的「罪惡感開關」，也知道什麼時候這個開關已經拆掉了。罪惡感對事情並沒有幫助，認清楚自己做某件事背後的原因，可以幫助你做出對小孩真正有益的事。
- **讓孩子預先知道接下來的動作**。就算小孩還不會說話，他也能瞭解到言語傳達出的氣場。可先提醒孩子，給他時間準備，就可避免突然改變習慣所造成的不快。
- **說到做到**。說話要算話，說出來之後，要用溫和且堅定的行動來落實。
- **白天時多給小孩擁抱，並安排特殊親子時光**。不要為了「消除罪惡感」才這麼做（小孩感受得出來），而是要好好感受親子間堅定而愉快的愛。
- **要堅持到底**。如果你已經完成以上的步驟，通常要過三、四天（甚至更久）孩子才會相信你是說真的。這表示，他會非常努力要你重回舊習慣。你在事先就要決定好該怎麼處理他的抗拒行為。

要不要「放著讓他哭」，對父母而言是一件很進退兩難的事。記住，哭泣是一種溝通的方式。當然，孩子哭的時候父母不能不聞不問，

但難處在於分辨他的哭聲傳達的是需求還是慾望。小孩需要食物，需要換尿布和獲得愛，也需要睡眠。另一方面，小孩的慾望可能是不想睡覺，即使已經相當疲倦了。要是如此，

仰睡

多數家長都有聽過嬰兒猝死症，是一歲以下嬰兒死亡的首因。家長也知道居家或照護環境中都要讓嬰兒仰睡，來降低風險。不過，家長還是會擔心仰睡的問題，以下是美國小兒科醫學會提供的實用資訊：

- 仰睡的話，孩子嘔吐時會噎到。家長常擔心仰睡的孩子嘔吐時會嗆到。但研究顯示，健康的嬰兒嘔吐時會轉動頭部，因此相較於趴睡的嬰兒，呼吸和消化問題並沒有更嚴重。
- 仰睡的話，會變扁平頭。雖然嬰兒的頭顱在幼年時還沒定型，但形狀會漸漸成形。你可以在孩子清醒時讓他有時趴著，這樣能夠強化他頸部的肌肉，增進協調感，並且減少他躺著的時間。
- 仰睡的孩子肢體技巧遲緩。有些家長聽人說，仰睡的嬰兒無法學會快速翻身，且肢體發育可能因此遲緩。不過，要是他清醒時有足夠的趴著時間，就不會有這個問題。記得要讓小小孩有多點機會伸展、伸長四肢和移動，這樣他就能順利發展出體能和協調性。（這類問題的詳情請見 www.healthychild.org。）

稍微哭一陣子來表達失落感，釋放多餘的能量，處理被疲累感席捲的感受，也是讓他能靜下來睡覺的必要過程。

有時父母會擔心讓孩子哭會造成創傷，留下一輩子的陰影。對於六個月以上的寶寶來說，只要白天有感受到豐沛的愛和依附感，不太可能會因此受到創傷。確實，放任小孩長時間啼哭而且不理他，並非明智的作法，但若是孩子未曾學習依靠自己，他可能會產生「我很無能」的想法，因此也不是什麼好事。

成人也會有不順心的時刻，有時候也會鬧脾氣。只要能學會如何排解失落感和處理挫折，不論大人或小孩，就比較能發展出韌性。不管你怎麼判斷，只要對自己的判斷越有信心，你的孩子就越能在不順心的時候，從失落感中平復。

務必要記得，**小孩不見得知道怎麼做對最自己最好。幼鳥不喜歡被趕出巢，但母鳥知道這是非做不可的事。**就寢時間衝突難免，但還是能夠安然度過。就寢時間可能會出現很多種棘手狀況，但我們相信，只要多加思考和規劃，就能找出對你和對孩子最好的作法。

想想看

1. 你知道怎樣的環境能讓小孩覺得舒適好眠嗎？不知道的話，好好思考要怎樣幫助他

睡眠ABC

接受（Acceptance）。接受自己和孩子有限的能力。

- 相信孩子能辦到，並且對自己抱持信心。
- 小孩抗拒不表示成人決策錯誤。
- 注意小孩的發育階段能力，確保自己的期望不強人所難。
- 承認自己不能強迫小孩睡覺，這是他自己的責任。

平衡（Balance）。在小孩與其他家人需求之間取得平衡。

- 白天時提供足夠的愛與依附感，來平衡夜晚讓孩子自己睡的情況。
- 正視自己的恐懼和需求，包含你也要休息。
- 在小孩需求和全家人需求之間找出平衡點。
- 營造出安靜且可以感到舒適、安全且安心的環境。

一致規律（Consistency）。你規律，孩子也會跟著規律。

- 讓小孩預作準備，改變就寢習慣。
- 要有一致的規律：維持慣例作法，並將協調好的內容貫徹到底。
- 規劃好就寢流程，一步步引領小孩到就寢的時刻。

感到安全、安心、舒服，而且不一定要和你自己的喜好相同。

2. 小孩上床睡覺時，你通常會遇到哪些困難？這些困難，能夠透過建立規律的就寢時間和慣例來解決嗎？用溫和且堅定的方式讓孩子去睡覺，會是什麼樣的情境？

3. 和小孩一起設計出就寢慣例表。小孩對喜歡這張表嗎？流程是否需要一些改動來變得更順暢？

第十四章
吃飯訓練

食物不只是人體所賴以生存的物質，也是多數人享受的事情。那麼，為什麼用餐會變成這麼多爸媽的煎熬時刻呢？

進食完全是由用餐者控制的過程。就算你把食物硬塞到孩子嘴裡，你能讓他咀嚼嗎？能幫他吞嚥嗎？如果你真的這麼做過，想必知道答案。

嬰兒的餵食，始自我們把奶瓶或母親把乳房放在他面前。常有人爭論用奶瓶還是餵母乳比較好，我們鼓勵媽媽先多瞭解這兩種作法的利弊，再來選擇自己覺得合適的那種。拿出信心很重要。充滿信心的母親較能夠讓寶寶產生信任感。不論親自哺乳或是用奶瓶餵，都能提供嬰兒所需的哺育和營養素。

寶寶無論是天生或者是本能反應，都懂得透過吸吮來獲取營養和安適感，而且想要經常進食。剛出生的寶寶餵食方式，爭議點環繞著到底是要親自哺乳還是使用奶瓶喝配方奶。以前許多醫師不建議哺乳，因為他們認為用科學所製造出的配方奶更有營養。而我們現在知道嬰兒喝母奶有很多好處。不論你選擇哪種方式，要配合嬰兒需求都不是容易的事。

聆聽自己的心聲

你可能還記得本書第一章提到的哺乳案例。以下是另一位媽媽完全不同的哺乳經驗。她也是必須要依照內心想法行事。

第一胎誕生後的三個月，芭芭拉都是親自餵母乳。但後來出問題並不是因為哺乳本身（她其實很喜歡親自哺乳），而是她的健康因素。以往她長年服用藥物保持健康，在懷孕和哺乳期間停藥，結果身體狀況惡化，讓她照顧小寶寶時壓力更大。

後來芭芭拉懷第二胎時，決定只餵他一到兩週的母奶，接著就換成配方奶。這樣芭芭拉可以更快繼續服用藥品，以保健康。而她身體狀況更好，也更有心力來照顧出生不久的嬰兒和幼兒。

芭芭拉的故事告訴我們，父母一定要斟酌全家人（包括自己）的需求。沒有適合所有人的單一「正確」選擇。雖然我們因為營養和情感上的各種好處而鼓勵餵母乳，但這不是強制的。許多健康的寶寶就是吃配方奶長大的。只要父母有足夠的認知，並且謹慎考慮各

哺乳時拉頭髮

問：我知道女兒年紀還小，實行正向教養或許太早，但我擔心她現在這麼粗魯會成為一種習慣，將來難改。她非常活潑好動又敏感，這幾個禮拜她一直拉扯我的頭髮，通常是在我餵奶的時候。我試過握住她手臂，示範要怎麼「動作輕柔」（同時用言語來加強這點），但還是沒有什麼成效，我們家可憐的貓咪也被拉扯！請問有什麼辦法，還是說現在擔心這件事情還太早了？

答：幼兒不像大人能夠理解「不可以」的涵義。明白這點的話，能讓你了解在這個年紀最有效的方式就只有不斷督導和轉移注意力。要是貓咪在你女兒附近，要好好督導她愛護貓，也避免她被咬傷或抓傷。要是你在哺乳時她拉你頭髮，立刻用溫和且堅定的方式把她移開胸前，等一分鐘左右再繼續餵。她可能會整整哭一分鐘，但比起用說的，溫和且堅定的行為可以讓這個年紀的孩童學到更多。要是她肚子餓，就知道扯媽媽頭髮會讓她沒奶可以喝。更簡單的方式是你要哺乳時先紮好頭髮。

種選擇，就能對自己的決策感到信心。

開始用固態食物和補給瓶

所有孩童都會進入斷奶期，開始吃正餐。有位母親的經驗是這樣的：

麗莎進入固態食物很容易。她七個月大時，我們就會偶爾給她香蕉泥或馬鈴薯泥，有時也會把各種蔬果和流質一同攪拌好。我們沒有到壓力，因為知道她已從母奶中獲取一切所需。她滿一歲時就能吃許多大人的食物，只要先經過搗碎、切塊或磨碎，她就能吃。

嬰兒第一年能靠著母奶就健康長大。假設你有計劃離開寶寶一陣子（偶爾離開寶寶一個晚上，對媽媽和另一半的身心健康都有益），若寶寶已能用奶瓶喝配方奶，會讓事情好辦許多。

母奶專家常建議媽媽把母奶擠出、收集到奶瓶後放冷凍庫，這樣媽媽不在寶寶身旁時，爸爸也能夠餵奶，或是在「媽咪休假」期間餵奶。集乳也使得職場媽媽可以讓孩子繼續喝母乳。經過時間和訓練，父母就能學會判別嬰兒的需求，有些嬰兒適合交替喝母奶、配方奶，外加固態食品，有些嬰兒只要喝母奶就足夠了。嬰兒和成人一樣，都是獨特的個體，多發揮耐心，多方嘗試，持續改進錯誤，能讓你更瞭解寶寶的需要。

斷奶

寶寶大約在第十到十二個月之間，會對母乳或奶瓶沒的興趣。此時許多媽媽會忽視相關的跡象，持續給寶寶餵奶。這樣的原因通常有三。一，媽媽沒察覺到孩子失去喝奶的興趣意味著可以斷奶了。二、媽媽想要繼續哺乳，來延長這段親密時間。三、這樣比較輕鬆，可以快速安撫吵鬧的寶寶或讓他們乖乖睡覺。

許多媽媽相信斷奶不可能輕易辦到，但其實只要願意注意寶寶預備好的跡象，確實也可能輕鬆斷奶。若嬰兒已準備好斷奶，大人卻持續餵奶，可能阻礙孩子自主感的發展。請務必要瞭解，一旦錯過黃金時期，餵奶就會變成一種習慣，不再是真正的需求了，長期下去使得斷奶越來越困難（透過「區別習慣和需求」，就能判斷孩子在各方面的發育，這也不侷限於哺乳一事）。不過，就算錯過這個斷奶時機，也不至於造成終身難以彌補的損傷。

先多瞭解資訊，再來判斷適合你和寶寶的方式，接著就跟隨自己的內心想法走下去。國際母乳協會（LLL）等團體認為，只要適合母親和孩子，任何哺乳時期都是值得鼓勵的。

要是你想要長期哺乳，國際母乳協會有提供相關的課程和支援。

斷奶很困難

斷奶，是對孩子「放手」的大課題，也是幫助小孩完全發展潛能的重要一步。不要把斷奶（或放手）與拋棄混為一談。小孩在斷奶過程中需要許多愛和支持，父母在適當的發育階段用愛放手，才能鼓勵孩童信任他人、學到信心，並發展出適切的自我價值感。

貝蒂的兩歲半的兒子班恩上幼幼班，很自豪地帶著午餐盒去上學，但到了點心時間志氣就蕩然無存了。他想要用奶瓶喝東西，但其他小朋友都是用杯子。班恩的老師很快就曉得為什麼他眼中含淚。當天下午，她花了一些時間和貝蒂討論這個情形，兩人同意讓班恩在點心桌和躺著預備小睡前可以用奶瓶，但其他時間都把奶瓶放在冰箱裡。還有，奶瓶裡面只裝水。她們把這個規劃告訴班恩，另外，貝蒂也決定家裡的奶瓶也都只裝水，但在家裡可以隨時使用奶瓶喝水。

隔週，班恩好幾次試探老師，想要在點心桌及小睡之前以外的時間，也用奶瓶喝水。老師體會到他的感覺，於是告訴班恩，想要的話可以抱抱他，但只有在點心和小睡之前可以用奶瓶，堅守了她和貝蒂間所講定的計畫。再隔一週，班恩白天不再和老師要奶瓶了。不出一個月，他其他時段也不想要用奶瓶了。

班恩在家持續用奶瓶。貝蒂看到幼幼班的計畫很順利，於是在家裡也設下類似的限制。一兩個星期過後，她很開心地把已經不再使用的奶瓶收好，捐給社福機構。

貝蒂和班恩的老師用循序漸進的方式來幫助小孩斷奶。貝蒂也可以斷然決定，從此再也不可以用奶瓶。但這樣可能讓班恩、老師和其他班上的小朋友都受到折磨。無論如何，班恩最後一定會戒掉用奶瓶的習慣。態度堅定不等於只有「斷然戒除法」這個選項來根除一項習慣。

避免為了食物爭執

「如果你不吃蔬菜，就不能吃點心！」「早餐的燕麥粥你不吃，就準備留著當午餐！」「你給我坐在這裡吃光晚餐，你想耗一整晚也隨便你！」

這些是許多家長常用的講法，他們以為可以強迫孩子吃東西，但孩子一再證明，大人就是沒辦法強迫他們進食。小孩會吐掉、偷偷拿食物餵狗、盯著燕麥粥就是不吃而且坐一整晚，直到父母死心放棄。

父母如果堅持採用特定的舉動或行為，通常會引起親子之間的權力爭奪。還有一點可以多注意，其實通常沒必要逼迫小孩把固定份量的健康食物吃下肚。除非小孩有代謝問題或需要依照醫囑的特別餐，否則多數小兒科醫師認為幼兒長期來講會選擇身體所需的食物，但或許不會在一天之內就發生。父母的任務是準備好健康營養的食物，咀嚼和吞嚥都是小孩要自己負責的。當然，要是在準備的餐點裡增添點小孩喜歡的食物也無妨。

在用餐時間鼓勵小孩配合

食物不夠的人家，比較不會爭論要吃哪一道菜，不會抱怨小孩很挑嘴。一家子有六口人的話，就沒有時間擔心要用什麼顏色的杯子給小安吉喝奶，或是小伊雷娜有沒有吃下足夠的胡蘿蔔泥。他們要擔心的是食物夠不夠。孩子如果挑食或不吃，那只會害自己受罪挨餓。（另外，「餓」可能是相對的概念。本書讀者的孩子們不太可能面臨飢餓的危險。）

對很多人來說，問題不在食物太少，而是食物太多。點心太多，食物份量超過健康所需，而糖和脂肪含量超標。我們很容易就會忘了吃東西這件事原本多單純。有些家長完全被任性的孩子擺佈，準備了兩三種不同的餐點給小孩選。

是現在的小孩越來越挑食嗎？不對，小孩只是做「能達成目的」的事情。假如孩子在拒絕爸爸端上桌的菜之後，接著就可以挑選自己想吃的東西（還能從中獲得掌握力量的感覺，或是持續受關注），那麼孩子就會一直持續這樣下去，使得傷腦筋的父母只好繼續準備別的食物，讓用餐時間大家都不開心。不過，也有好幾種方法可以促使小孩在餐桌上配合。正如處理許多幼兒問題一樣，家長確實有能力拋下管控孩子的觀念，判斷出該做的事，一面維持溫和與堅定，而且教導小孩成為負責任、願意合作且有能力的人。

你可能心想：「怎可能這麼好？這樣會害孩子營養不良啊。」用餐問題沒有單一的神奇解答。小孩和大人一樣，有時候真的不餓，他們的飲食習慣也會隨時間變化（和你的習慣不一定能夠相互配合），而且她們有時不想要按照你設下的時程來進食。不過，以下提供一些建議和想法，或許能幫助你避免讓食物變成家裡引發爭戰的原因。

- **不要強迫餵食**。堅持要孩子在特定時段吃特定份量的特定食物，只會導致親子間的權力角力。而親子間已經有夠多這種角力了！要是寶寶在你面前吐掉食物，可能表示他吃得夠多了。不要繼續強迫餵食，拿個抹布來，讓他幫忙清理乾淨。

• **料理呈現方法就連對幼兒也很重要**。營養固然重要，但原本不好吃的東西也能用美味的方式呈現。與其強迫小孩盯著半熟蛋，不如把蛋夾在一片法式吐司中，或是做成起司歐姆蛋。把蔬果打成泥狀後，添加牛奶或是優格，或是過濾後用杯子喝。只要提供健康的餐點，包含各種新的食物和孩子本來就喜歡的熟悉的食物，接著就可以放心，就算他沒有全部都吃光，至少他吃的有營養。（小訣竅：可以準備不同顏色的食物，像是紅蘋果片、鮮綠色的豆子和橙色的地瓜和胡蘿蔔棒，這樣就可以顧到均衡的多樣性了。）

• **瞭解小孩的需求和偏好**。有些幼兒比較適合少量多餐。讓幼兒用自然的方式，會讓你們親子雙方更自在。要是小孩愛吃點心，就準備一些健康的點心。例如有些家庭會在廚房裡放一個特別的抽屜，孩子餓的時候就可以去吃裡面放的脆餅、蝴蝶餅、葡萄乾或其他種果乾，還有小包裝的香脆燕麥穀物棒。孩子很喜歡去看抽屜裡每天會出現什麼新的點心，媽媽也因為不用為了餐點爭吵而開心。只要你的小孩有適當增重和發育（一定要做兒童健康檢查），大概就沒什麼好擔心的了。

- **注意食品標示**。兒童喜愛的即食品中有許多暗藏的糖分和脂肪（像是早餐的穀類就是一大例子），而太多糖分可能會嚴重破壞孩子胃口，導致拒吃營養食物。均衡是關鍵。小孩要有足量的脂肪來成長和維持健康，要是你自己奉行低脂、低鈉飲食，那就不適合要求孩子也這樣吃。不要擔心重複給小孩他喜愛的食物，小孩通常不像父母一樣追求變化。當然也要提供新的食物。事實上，有的孩子對於新食物很遲疑，要讓他們學習嘗試新食物，一個辦法就是較密集地提供一種「陌生」的餐點，等他熟悉這項食物後，就更願意吃了。特殊飲食相關問題可以洽詢小兒科醫師，讓你有把握讓小孩健康成長。

- **利用進餐時間來提升小孩的貢獻感**。小朋友不喜歡被強迫，但他們通常喜歡受邀入廚房當幫手。就連幼兒也能擺好餐桌紙巾、清洗沙拉要用的生菜，或是把起司片擺上漢堡。孩童的能力以及能勝任的任務，遠超過大人的想像。有些孩子兩歲時就能在脆餅上塗抹花生醬，並且幫忙把做馬芬蛋糕的食材攪拌好（當然，要用安全的兒童餐具，還有家長在旁細心督導）。可以教導孩童製作簡單的三明治，或讓他替墨西哥薄餅撒上豆子和起司。也可以讓孩子參與規劃和備餐的過程。要是年紀較大的小朋友說不想吃餐桌上的食物，或是對餐點不滿意，這時只要問：「那你能怎麼做呢？」不用大吵大鬧，不用嘆氣或翻白眼，而是讓孩子動手準備他已學會製作的脆餅、三明治或是墨西哥玉米薄餅。

邀請小孩幫忙規劃餐點、親子一起在賣場挑選食材（「你可以去找你布丁要用的香蕉嗎？」）、把食物裝盤、在廚房幫忙等等這些事，不僅可以讓進餐這件事免去親子鬥法，也可以讓孩子更能活用資源、更有自信。

- **要有耐心**。孩童會隨著時間改變飲食習慣，而今天不吃花椰菜的小朋友，可能下個月就愛上這個蔬菜。只要爸媽不要大吼、說教和逼迫，這種奇蹟通常能更快來臨。①把用餐時間當作是全家同聚一堂、相互陪伴的機會來好好享受。換句話說，放輕鬆點。畢竟，這也是段轉瞬即逝的時光！

特殊飲食

食物過敏的問題日漸增加，有人認為這是因為食物和農作的方法改變了，也有人認為是環境變遷。無論原因為何，要讓小孩享用種類有限的食材，同時又不要感到受限，實在不易。正向教養講求的合作態度，對於孩子的飲食問題特別有效。若能讓孩子覺得有能力，讓孩子協力達成他的目標，這樣也很好，同時甚至還能提升他的能力感。

不能吃含有麩質食品的小孩，還是可以參加生日派對，只要自備無麩質杯子蛋糕，上面可以灑著他自己挑選、打發的黃色糖霜。等大家切派對蛋糕來吃時，他也有自己滿意的點心可以吃。對堅果或豆類產品敏感的小孩，可以隨身帶著切好的蔬菜或他們能吃的脆餅。可以向孩子解釋，他需要特別的食物才能好好長大，這樣能提升他配合的意願，並讓過程比較輕鬆。不要說「不行，這些餅乾你都不能吃」，而是換成說「你的專屬點心在這裡」。久而久之，這種事前規劃能對爸媽和孩子都變成自然而然的過程。若孩子對蛋過敏，爸媽在年節家族聚餐時可以提供不含蛋的南瓜派，讓小孩也能在大家身邊一起用餐，不會感到被排擠或是權利被剝奪。

①可參看羅索・霍班（Russell Hoban）所著的《鼬鼠法蘭西絲系列：麵包配果醬》（暫譯）（Bread and Jam for Frances），這是一本適合親子共讀的趣味書籍。可以利用這本書來談食物，並且提醒自己不要把用餐時間變成吵架時間。

廣告與不健康食品

鎖定兒童族群的廣告，已成了家長的一大難題，特別是那些垃圾食物的廣告。美國醫學研究院（Institute of Medicine，IOM）是聲譽極高的科學顧問團體，它發現了電視廣告與十二歲以下兒童肥胖問題之間的關聯性。② 對父母來說，要避免媒體對健康帶來負面影響，最簡單的方式就是關掉電視，不要讓小孩接觸這類廣告。

你也可以拒買不健康的食品，尤其是和卡通或媒體角色掛勾的食品。只要孩子能取得的所有食物都有豐富營養，且食物不會變成蒐集玩具或是滿足玩樂的方式，那麼就連「挑食」的小孩也不會太讓人擔心營養問題。速食連鎖店販售高油脂、高鹽分、高糖份產品，因此要製造出對於這類產品的「需求」，那就是針對孩子了。不過，這些食品不是真正的需求，你必須要好好考量長期的效應，以免養成習慣將來後悔莫及。

你可以建立一些飲食習慣來保護孩子，同時鼓勵他們發展出健康的飲食習慣。首先，大人要以身作則，要是你大口大口吃著玉米起司脆片或巧克力棒，就無法說服孩子不要吃油膩的薯片或是高糖份糖果。你吃的東西，孩子也想吃，尤其是有特別甜味或鹹味的。

要是你反對「推銷不當食品給幼兒」的做法，你也可以寄信或電子郵件給製造廠。要不然就是向餐廳反應他們的「兒童餐」脂肪含量太高，如薯條或奶焗通心粉，希望他們提供健康的餐點選項。企業界希望產品熱賣，所以客戶提出質疑時，他們會聽取意見。

正向教養的作用，包含鼓勵小孩培養出自制力，而自制力與飲食習慣會產生莫大的影響。遺憾的是，現今的兒童健康不良，其中部分原因就要歸咎到飲食習慣。預防不良飲食習慣和肥胖問題，會對孩子產生長遠影響，你可以透過行動、知識和謹慎的消費來達成目標。**別忘了，也要鼓勵小朋友健康運動。今日的兒童比以前幾代都還要久坐不動，這可無法增強健康或是胃口**。

通常要等到孩子邁入青少年時期或甚至更久之後，父母才會真正領悟到「那是強迫不來的」這句話是什麼意思。到頭來，孩子還是要學會控管自己的飲食習慣。他們必須知道健康飲食是什麼、要吃多少量、何時吃、何時該停。父母可以請他們參與餐點準備、購物和烹煮的過程，成為孩子的嚮導和老師，而不是逼他們照辦的執法者。我們再度強調，錯誤是學習的機會，對爸媽和小孩皆然。家有活力充沛的幼兒會帶來很多挑戰，但別讓用餐變成親子之間的問題。

②可參見www.iom.edu/Reports/2011/Early-Childhood-Obesity-Prevention-Policies/Recommendations.aspx

不單單是食物

餐點的意義遠超乎讓人攝食，也提供了時機和場所來維繫全家人感情，介紹重要的文化或家族傳統給下一代傳承。要預防行為問題有個絕佳方法，那就是定期舉辦全家聚餐，讓大家談天說地，傾聽彼此訴說的內容，和你所愛的人增進感情，且這對年紀較大的孩子特別有效。因為上述這些重要而深刻的作用，務必要讓用餐時間愉快。你們的特別儀式和傳統，例如餐前握起彼此的手、禱告或是分享感恩的心情，都能讓共享時光更為精彩。

讓用餐時間成為共聚的機會，不只是一起吃東西，還能分享全家人生活，這樣就能讓身心靈都獲得充足的食糧。

想想看

1. 用圖表來記錄一整天下來或是幾天內所吃的內容。有注意到什麼嗎？是否為餐點的均衡狀況感到驚訝？孩子在正餐之間有透過健康的點心來攝取足夠營養嗎？
2. 找出清單中缺乏的營養類型。如果點心是重要的營養來源，盡可能讓點心提供豐富的營養。

3. 哪些重要的營養是點心食物無法提供的？能用哪些東西來替代？增加一些健康的選項，並刪去一些不健康的項目，逐步來達成轉換。（小訣竅：準備一些切好的胡蘿蔔片或無添加糖的果乾當點心，而不要給小熊軟糖或是油膩薯片。）選定兩到三種方法，把小孩缺乏的營養素添加到餐點中，而不需要針對特定食物爭執。（小訣竅：要添加蔬食類的話，可以考慮在義大利醬中加入胡蘿蔔泥、馬鈴薯泥，或是攪拌後做成奶焗通心粉料理。）

4. 列出你的各種構想，每週試試一種不同的方法。把清單放在廚房裡，以便輕鬆快速查找。

5. 放輕鬆。不管小孩什麼時候進食，他所吃的食物能夠提供適合且足量的營養，請對這件事情有信心。好好把用餐時間變成增進感情和享受的機會吧。

第十五章

如廁訓練

談到如廁訓練，前幾章說的睡眠、餐飲難題都算不了什麼了。育兒的相關討論中，最容易令人情緒激動的大概莫過於上廁所訓練。

如廁訓練議題在社會裡被小題大作。這可能引起罪惡和羞愧感，導致親子爭主導權，家長之間還可能相互較勁。**其實，就算父母不去在意這件事，等時候到了，孩童還是會培養出如廁方式，因為他們想要和其他人一樣。**反而是大人製造出親子之間的權力爭奪，使得孩子把重心放在「贏過大人」，而不是「合作」（因為配合就等同輸了）。

寶拉的第一個孩子一歲半就會用馬桶，她自豪極了，甚至得意到想要寫一本如廁訓練的書，幫助其他比較悲慘的家庭。然而書還沒寫，第二胎就出生了。結果她的訓練技巧居然失效，事實上，儘管她常讓這孩子坐在兒童便器上，還是等到他快三歲時，「訓練」才奏效。

天才兒童的傳說就此破滅。現實狀況是，孩童在預備好時就會使用馬桶。就算你在努力鼓舞、哀求或是威脅小孩，他們可能還是繼續仰賴尿布。每個小孩都有自己獨特的發展時程，控制權也完全在他們身上。父母該怎麼做來為這個重要的發展成就里程碑做預備呢？

預備狀態

或許真正要問的是：「誰」預備好開始進行如廁訓練？是你嗎？你準備好叫孩子擺脫尿布了？還是隔壁鄰居說他一歲半的嬰兒已經做好如廁訓練，讓你感到壓力？還有，究竟是誰在訓練誰？

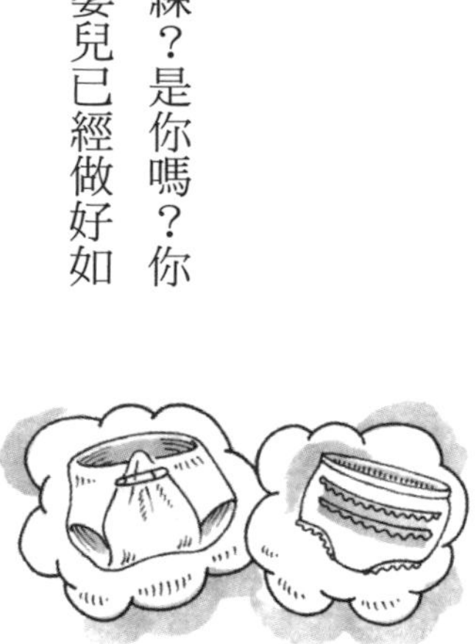

如果仔細觀察大部份宣稱「孩子如廁訓練已經完畢」的家庭，可能會發現，受到訓練的其實是爸媽。他們注意時間，時間到了就把小小孩帶到兒童便器上，在成功嗯嗯或噓噓後給點糖果當獎勵。他們密切注意孩子睡前不要喝太多水，也有些父母會在半夜把幼兒叫醒，讓他們半睡半醒間坐上馬桶，並打開水槽的水龍頭，希望流水聲能夠讓睡眼朦朧的小小孩有尿意。

幼兒到底何時才準備好進行如廁訓練呢？**孩童預備好使用馬桶的年紀，並沒有精確的數字。少數兒童十八個月前就能熟練，但多數要到四歲以後。**晚上好眠不尿床可能會花更長時間，但也還算在一般的發育時程範圍內。孩童真正預備好時，過程常只要花幾天或幾個星期。如果能讓孩子在生理上、情緒上預備好，環境也配合，那麼要成功就不是難事。

生理上的預備

小孩在生理上預備好進行如廁訓練時，會顯示出一些蛛絲馬跡。觀察小孩的行為，並問問自己以下問題：小孩換尿布的頻率是否降低？午覺完尿布還是乾的嗎？他會在尿尿的時候，停下手上的活動而臉上出現專注的神情嗎？他尿布溼時會表現出不舒服的樣子嗎？

這些都表示小孩膀胱容量增大，有意識到如廁的感覺，也表示孩子越來越能把生理感覺和上廁所的需求相連結。隨著孩童會講話了，有了更多自我意識，他們通常更加關注自己的身體，特別是負責排泄的「私處」。你可以邊在小孩換尿布或換裝時，邊輕鬆和他談論這些部位的作用，還有告訴他們之後會改用馬桶而不用尿布的相關事情。

有些孩子在包尿布時已經出現排便規律，要是爸媽或照護者能注意到這些規律，就能讓孩子提早成功完成如廁訓練。不過，如同先前所提的，通常成人「受訓」的程度比小孩來的高。許多家長知道小孩的習慣或是臉部表情後，接著就訓練自己要及時讓小孩坐上兒童便器。這個方法能讓小孩注意到自己的行為，並且知道要怎麼樣加以反應。畢竟，成功通常會接二連三到來。

記得，每個小孩都是不同的。例如某個家庭有三個孩子，爸媽已經搞清楚了三個小孩不同的生理表現。在車上如果肯尼說要上廁所，表示要在二十分鐘內找到停車的地方；要是麗莎要上廁所，則是有十分鐘的時限；要是布萊德說要「上了」，只得立刻停車，希望附近有草叢。

情緒上的預備

問：我兒子三歲又兩個月了，需要如廁訓練。但他不喜歡用便器，也不會表達要上廁所，總是事後才說要換尿布。請給我一點意見！

答：不難看出你現在很緊張。隨著小孩長大，要一直幫他換尿布好像越來越難。或許因為你有點擔心，導致放大了孩子不會用便器這件事。請放寬心，他會終究會成功的，只是需要比預期多一點的耐心。反正他不可能包著尿布去上大學——這樣講有讓你心情比較好嗎？

以下提供幾點注意事項：

- 不要太過強調這整件事。要是家長太堅持某事，而小孩正在努力發展自主感，就很可能會反抗，親子權力爭奪就是這麼來的。保持溫和冷靜，不要因為馬桶這件事爭吵，這樣能讓大家都更感輕鬆。
- 有時候，討論一下馬桶的安全問題，或許能讓小孩放心。讓他知道，他的體型夠大了，不會跌進馬桶座裡面，也讓他試著沖沖馬桶，讓他知道自己可以控制這台強而有力的吸食怪，並向他保證不會他不會遇上可怕的事情。當然，使用小型的兒童便器，就能暫時完全避免這整個問題。
- 不要過於在意上廁所的事，導致無法享受親子時光。表現出你對兒子有信心，告訴他你知道他有一天一定可以成功學會使用便器。他也是需要鼓勵的喔。

- 有很多方法可以為小孩做好如廁訓練的心理準備。幼兒通常不喜歡靜靜躺著換尿布，可以利用這段時間和他說說話，轉移他的注意力，例如在換尿布區上方用彈力繩懸吊一個玩具，讓他可以在你幫忙換尿布時玩。這樣的分散注意力法可以營造出配合的氣氛，避免將來開始練習用馬桶時情緒上出現反彈。也可以在尿布區上方懸掛有鈴聲的吊飾、在天花板貼一張有趣的圖片且經常換內容，這樣都能讓小孩持續保持興致。又或者是，讓小孩站著換尿布，我們也看過一些媽媽能用高超技術，靈巧完成任務，哪怕尿布上面已沾著便便都可以成功換尿布。
- 小孩漸漸長大，可以邀請他一起參與，像是把用具遞給你、把乾淨的尿布就預備位置，或是鋪好底下的墊子。這可以增加發展自主感的機會，並且讓他知道你相信自己的孩子能完成任務、有能力。要是需要換洗的話，也讓他知道能怎麼幫忙。他可以自己清潔或是擦拭、把糞便倒入馬桶裡，還有練習便後要洗手。鼓勵他參與也能促進他合作，這是帶來成功的重要因素。
- 展現愉快心情，讓上廁所變成有趣的事。爸爸或媽媽刷好馬桶，在上面畫個靶心，兒子就會等不及想要正中紅心。

- 避免使用獎勵或稱讚，包含星星集點表或是給糖吃。**小孩會更看重獎勵，而不是學習好合宜舉止，也可能讓他用這個方法來操縱你**。讓小孩內心感到自己有能力，而不是依賴外在的肯定。

凱文一直隱約猜想著，要是用糖果當獎勵來讓小孩配合，可能總有一天會產生反效果，但他兩歲半的兒子布拉登一下就學會這招，還是讓他大吃一驚。有天晚餐時，布拉登很頑固，都不吃任何東西，正眼也不瞧一下凱文給他的肉餅和豆子。於是，凱文不悅地說：「沒差，反正你有沒有吃晚餐都沒有點心獎勵。」

布拉登仔細想了一下這件事，接著說：「爹地，上廁所呢？」

「上廁所」這個詞是家裡的通關密語，凱文立刻就回答：「布拉登，你需要上廁所？」

布拉登點頭說：「對，上廁所，」接著興高采烈奔向兒童便器，很快就上好了。他面露狡詐，眼神中散發出勝利的光芒，望向爸爸並伸手說：「布拉登便便了。爹地給我糖。」

凱文這時才發現他還是落入給糖的圈套，並下定決心隔天起不再這麼做。

要是小孩三歲時還沒學會上廁所，務必要請醫師評估看看是否有生理上的問題。沒有的話，你有可能是進入權力爭奪了。猜猜看誰會勝出呢？你可控制不了小孩的排泄機能！權力爭奪這件事是一個巴掌拍不響的。停手吧。讓小孩用有尊嚴且受尊重的方式體驗到自己選擇的後果。在心情平靜的時候教小孩換裝，要是他之後褲子溼了或髒了，溫和且堅定地帶他到房間找乾淨的衣物，接著帶他到浴室，問他要自己換還是要你陪在身旁。不要直接替他做。要是你態度溫和又堅定，而且真的不再和他互爭主導權，他基本上不太會拒絕。要是感覺起來還是相持不下，幫忙拿浴巾或是溼紙巾給他、幫他掀著尿布垃圾桶的蓋子，或是給他一個袋子來裝弄髒的衣物。展現同理心，並用適當的方式從旁協助（而非直接替

請實際行動

如廁訓練通常會和另一項兒童發展成就里程碑同持發生，也就是說「不要」的能力。要是有人問幼兒：「你要去上廁所嗎？」答案八成就是「不要」。更好的方式就是注意小孩的臉上神情和肢體語言，或是設定合理的時程，接著說：「該去廁所囉，」然後實際行動。牽起他的手，並且走到洗手間，協助他坐上馬桶座或是兒童便器。可以考慮他坐在便器上時，你也坐在旁邊的成人馬桶上，有些人可能覺得這樣太親暱了，但要是你不會不自在，小小孩可能會很高興能「跟媽咪或爹地一樣」。

他做好）。

環境中的機會

有些尿布設計得太好了，讓孩童難以回應自己的生理需求。免洗尿布吸溼性很強，有時孩子尿尿時自己都沒發現，或沒有覺得不舒服。要讓小孩子有機會注意到他們「嗯嗯噓噓」時所發生的事情。你也可以用吸收功能較普通的尿布，或是拉拉褲／訓練型尿褲，並多預備一些更換用的衣物。

天氣溫暖時，讓小孩不穿尿布在後院活動，常會有驚喜的效果。你會發現他心裡的所思所想簡直呼之欲出，就像是他說著：「哇！看看我的能耐。」注意到身體發生的變化能讓小孩精熟技巧。有些家長發現，小孩兩歲半時，很適合等到夏日來試試如廁訓練。可在後院讓小朋友光著屁股，並在旁擺置兒童便器，讓走過去便溺成為一種遊戲。有一家人在全家露營的一週假期之間，兒子就學會上廁所。和哥哥一起在樹林裡尿尿，絕對比平常穿尿布好玩多了！

盡可能讓過程變簡單。改用拉拉褲較容易銜接尿布。小型的兒童便

器或是成人馬桶上加裝兒童坐墊，搭配可以踩上去的輔助小凳子，這些都是有用的改良做法。記得要讓小孩子穿著有助於訓練而不阻礙訓練的衣物。褲腰鬆緊帶和寬鬆的配件較適合短小的手指操作，比壓扣、鈕扣和綁帶繩結來的容易。穿脫過程越容易，小小孩就越能順利辦到。

出意外的時刻

如同多數技巧學習過程一樣，排尿、排便控制的練習中也會出些意外。孩子在學會上廁所後的六個月內，以及因居家環境改變而感到壓力時，就可能出錯。**用冷靜和尊重的態度來應對這些失誤，較能夠避免權力爭奪、排斥心理以及不願意配合**。小孩出錯時不要讓他們出糗或是羞辱他們，不要叫他回頭去用尿布。責罵、說教或是懲罰都沒有成效，可能還會危害到你和小小孩之間的信任感及關愛之情。

應該要做的是展現出同理心，畢竟「意外」指的就是非故意的結果。協助小孩清理，對他說：「沒關係，再接再厲吧。我知道你很快就會成功了。」也可以在出外時先讓小孩知道廁所在哪裡，並且多帶預備的乾淨衣物。只要經過時間磨練，技巧就能夠變得純熟。

別忘了，父母的信心會帶來很大的差別。舉小安德魯為例：

三歲左右時，安德魯就不包尿布了，過程讓父母覺得輕鬆愉快。只過了兩夜一天，安德魯就完全學好上廁所，不再拉在褲子上。

接著，一週後他就說要換回用尿布，父母的驚訝程度可想而知。他們詳細瞭解後，得知安德魯觀察到一件有趣的事。要去浴室間、脫去衣物、坐下來、清潔後再穿回衣褲，這些步驟會耗費掉他太多他可以好好玩樂的重要時光。安德魯覺得用尿布方便多了，所以想要換回去，結果發現父母不再給他尿布，他嘆口氣，繼續用「大男孩褲褲」，進入必須受膀胱牽制的成人世界。

要是你家孩子完成如廁訓練也經過慶祝一番後，卻改變了主意，這時不要慌張，維持溫和且堅定的態度，狀況自然而然就會解決。別忘了，每個兒童最終都會學好如何上廁所，只是每個人的步調不一樣罷了。

想想看

1. 如廁問題可能會讓親子雙方產生壓力和能力不足的感受。花點時間想想，你有多在意其他大人對你家孩子上廁所訓練狀況的閒言閒語?對你來說,為什麼想要孩子棄用尿布?

2. 想一想本章有關身心預備狀態所提到的因素。找出兩項能讓你判斷小孩何時預備好進行如廁訓練的因素。你的小孩達成這兩項指標了嗎?要是還沒,現在開始不會是白忙一場嗎?

3. 在如廁訓練的過程中,你能怎麼做來鼓勵孩童建立適當自主感?你能怎麼做來為成功做好預備?

第十六章

玩耍、分享與社交技能

你知道哭泣中的嬰兒正在磨練社交技能嗎？小寶寶出生後的前幾個月，啼哭能夠召喚大人過來提供食物、安撫和娛樂互動。不久，他就會開始微笑，接著到了五到八個月大，他就會嘻笑、講寶寶語，或用其他方式讓大人入迷。

成人若能理解兒童發展，就易於明白孩子的社會互動會有好一陣子維持相當原始的狀態。孩子探索如何與人相處時，可能出現打人、咬人、推擠或是打架行為。大多數的社交技能並非與生俱來，而是要受到教導的，大人明白這點的話就不會太擔心了。

分享和玩耍等社交技能經由培訓、磨練、犯錯而發展出來，其中犯錯特別重要。過程不會一直順遂。情感上的跌打損傷，以及偶爾身體上的咬痕和擦傷，都是一路走來會有的印記。

零到三歲的社交技巧

孩子會長大，漸漸需要具備社交技能，包含如何與他人相處、溝通、採取可促進生命發展的行為。現在多數學者瞭解到，社交和情緒技能深深影響著兒童早期發育的各層面，還有未來的學業表現。小孩學習玩耍和分享時，其實就是一種努力！

平行遊玩

父母對零到三歲孩子的生階段充滿疑問。許多人對幼兒的行為時而感到灰心、煩悶甚至是完全無可奈何。我們接著來看看孩童互動的發展方式。

幼兒在同一處玩耍時，多數是採取「平行遊戲」（parallel play）模式，亦即孩童在彼此身邊各玩各的，沒有一起玩耍。以十四個月大的傑佛瑞為例。在托兒中心，照護者餵他、安撫他，也揹著或抱起他移動，還有幫他換尿布。現場還有其他小孩，但這些孩子反倒像是神奇的新玩具，所以傑佛瑞開始對他們產生好奇心而加以探索。他知道戳戳其他小孩時，他們會哭；把某個小孩的頭髮放進自己嘴裡時，那小孩會大叫。此刻的傑佛瑞滿足於和其他小孩各做各的事——至少多數時間是這樣。

隨著他長大，他會開始和身旁的小孩互動，模仿他們的遊戲方式，跟著別人一起笑，學會他們叫什麼名字，開始交朋友的過程。玩耍是幼兒的實驗室，讓他們可以嘗試情感連結、人際關係和社交技能。你的孩子與他人連結情感的能力，始於他和你之間所建立的情感連結。花些時間和小孩玩耍絕對值得，能為他們的社交和生活技巧奠定出堅實基礎。

與人分享與「這是我的」

在幼兒的世界中，分享是一個大問題。家長常常期望小孩子會輪流玩玩具，能夠平均分配而且覺得滿意，能把心愛的玩具讓別人玩。但是，兩歲以下的孩子都是以自我為中心，他就是自己世界的中心，其他人、事都是為了他存在。這不是自私，只是自然的人類發展。

育兒班的家長課程中，瑪莉頭一個舉手發言說：「我女兒潔塔一歲半，我正在想辦法

教她『不是所有東西都是她的』。她會抓住我的包包說：『包包，我的。』我盡量和她講理，告訴她：『不對，這是媽咪的包包喔，』可是她還是繼續緊抓不放，重複說：『我的。』她也這樣對待其他東西，像是穀物盒、電話，甚至還有小狗。」

在潔塔的世界裡，一切都是她的，因為她是從「自己」這個中心點來觀看整座世界。她覺得整個世界以她為起點、為終點，自然會覺得世上萬物都屬於她。幼兒就是如此堅信著。你說的再有道理，也改不了潔塔的觀點，因為她現在就是如此看待自己在世上的位置。

在這個發育階段，不要浪費力氣爭辯。可以試試和女兒說：「妳很喜歡媽媽的包包，要幫我拿著嗎？」不要和她爭論，這樣會引發權力爭奪，要給她正確的資訊，讓她能出力來幫妳的忙，並且包容她對世界的觀點，直到她進入下一個發育階段為止。這麼做一定比永無止盡地互相爭執有用。若硬要糾正她的想法，只會導致權力爭奪，甚至還會變成未來的一種慣例型態。合作，能讓親子間的關係更健全。

美國零至三歲嬰幼兒全國中心（Zero to Three National Center for Infants, Toddlers, and Families）進行過一項調查，詢問家長：「你認為十五個月大的兒童應該要能和其他小孩分享玩具嗎？或是這種期望對他們而言還太早？」

結果發現，家有三歲以下兒童的家長當中，有百分之五十一認為十五個月大的幼兒應該要與人分享。然而，學界研究已經顯示，從發育角度來看，不該期望十五個月大的幼兒能分享，這對他們還太早。家長可能誤以為要是現在小孩表現「自私」，長大後也會變成自私的大人。

該中心因此給予下列建議：**要是這個年紀的幼兒不願與人共享事物，他們需要的是指引和教導，而非「被管教」**。父母可以提供一些解決辦法，像是找另一個玩具請他拿給朋友玩、用計時器來提醒換別人玩的時間到了、在孩子等待時讓他有別的事情做，或是示範給孩子看要怎麼樣與他人一起玩玩具。經過多次練習和父母的協助後，等到小孩兩歲或更大，他們就能夠主動這麼做。但也不要期望他們每次都能這樣。

孩子世界裡的「分享」是什麼

蘇西未滿兩歲時，搶了另個小孩的玩具，這時大人可以介入，輕柔地把玩具拿走，交還給那個小孩，並且帶蘇西到別處去找其他有趣的東西來玩，並且說：「湯米正在玩那個玩具喔。」或是：「我們來找個蘇西喜歡的玩具吧。」

等到蘇西兩歲半，狀況會改變。她不再是在同伴身旁自己平行玩耍，而是會和他們「一起」在遊樂場裡跑來跑去玩耍。這時如果蘇西還在搶別人的玩具，大人可以採取別的做法。

蘇西已經預備好學習分享的社交技能。現在更合適的方法是，用這個玩具來探索她能如何學習與別的小朋友分享。

教導小朋友分享

孩子在三、四歲真正開始學會分享之前，佔有慾和所有權是很正常的必經之路。當小孩子還在逐步發展分享的能力時，就必須同步教導孩子分享的流程。

- 示範分享。可以給孩子半份點心，以此練習「一人一半」。也可以讓他拿著屬於你的東西。另外，試著跟他玩「你來我往」的遊戲：「我分享這個給你，那你想要分享什麼給我？」溫和且堅定地從小孩身上拿走屬於其他人或不能交給他的物品，而不要說教或是羞辱他。
- 製造分享機會。給小孩兩支蠟筆，並請他選一支給玩伴用，接著感謝他分享。
- 避免批評，展現關懷。小孩有「擁有物品」的需求（你自己也有些東西不想分享給其他人，不是嗎）。讓年紀較大的孩子找別的玩具玩，或是提供好幾份同樣的玩具。要是小孩不開心，盡可能安撫他，但容許他體驗失落感，畢竟失落和挫折都是小孩需要學習的生命歷程。你可以說：「要分享不容易。你真的很想要那個東西。」同理心能減緩他感受到的痛苦，並且能為未來接受分享做預備。

蘇西和湯米正在積木休閒區玩耍，這時蘇西搶走湯米剛拿來玩的遊戲車。兩個小朋友都開始吼：「我的！給我！」他們的激烈爭執引起托兒中心老師注意，於是麥姬老師走來，輕柔拿起這輛車。

她問道：「蘇西，妳想要玩這輛車嗎？」蘇西說：「我想要。」接著麥姬老師面向湯米說：「湯米，你正在玩這個玩具嗎？」湯米噘起下唇說：「是我的。」

麥姬老師把玩具車放到湯米手中，轉頭對蘇西說：「蘇西，要是妳想要玩小車，可以和湯米說什麼？」蘇西聲音稍帶點惱怒說：「我想玩這個？」麥姬老師贊同這確實是個辦法，另外建議她也可以試著說：「請問我可以玩這輛車嗎？」

湯米頗有興致地觀察著這個交流。老師問他蘇西說了想玩車時，他可以說什麼。他毫不遲疑就說：「來，妳拿去吧，」並且把玩具車遞給蘇西。麥姬老師微笑說：「湯米，你願意分享很棒。要是你還沒玩夠的話，可以說什麼呢？」

湯米之前沒有想過這件事。老師很明顯要讓小孩們知道光是開口還不夠，她還要幫助湯米學會他有不同選擇，而可以講出自己的需求，但湯米一時之間還不懂。

麥姬老師對蘇西說：「蘇西，妳覺得湯米可以說什麼？」蘇西心裡正巧有個答案，她

說：「他可以說：『再等一下。』」麥姬老師點頭說：「真是好主意。或許可以說他玩五分鐘後再給妳玩。湯米，這樣可以嗎？」湯米點點頭，麥姬老師鼓勵他練習對蘇西說：「我還沒玩完。」

這樣的對話中，老師引導兩個孩子探索各種可行方法。分享是一個必須要有人教導和練習的技能（連成人也是）。要是沒看過示範，小孩子怎麼會知道要怎麼做才對？這也是語言能力迅速發展的時期，提供必要的詞彙和講法也是培訓的一環。教導和鼓勵幼兒「用話語表達」（當然前提是他們知道有哪些話語可用），是個可以培育社交技能的卓越方法。但也別忘了，孩子不斷發育，可是「練習」是個要重複一遍又一遍的過程。成人要持續給予導引，而不是期望孩童練習一次，或甚至一百次後，就一定會記牢。

用玩偶模擬情境

用娃娃或是玩偶來進行「演練遊戲」也是可以讓小孩效法和練習分享的方法。成人可以演出兩個小孩之間的衝突，包含事件的過程以及恰當的回應方式。接著孩童可以拿玩偶來分別操練不適宜和適宜的行為。這能讓小孩辨別他人是否做出不妥行為，目的是希望孩子最終能夠注意到自己的行為，並為自己的行為擔負起責任。在模擬遊戲中，玩偶和娃娃具有重要的緩衝功能。要是一個孩子說：「不行，這是我的！」另一個孩子就會以為他是說真的，於是大哭。但如果是讓玩偶來說，則兩個小孩子都不會覺得受到脅迫或是感到難過。

分享與文化價值觀

不同的文化中，對於許多社交技能的態度也不同。例如「個人財產」的觀念差異就很大，有些亞洲文化認為群體的需求勝過個人的需求，紐西蘭的毛利人會刻意把最後一份點心交給孩子，讓他分享給別人，因為他們的文化很重視考量整個族群需求的理念。你的價值觀和社交行為，會影響到你孩子熟悉哪些社交技能。而最後，小孩的歸屬感多少都牽涉到對自身文化價值觀的認同。

打人等侵略行為

幼兒的語言和社交技能還不純熟，一起玩耍時很容易就產生挫敗感。他們還沒有能力用言語來表達感受，因此很可能訴諸打人或其他侵略行為。假設你把幼兒帶到另一個陌生的孩子面前，他們一開始會相互打量，我們幾乎可以猜到他們心中在想什麼：「這是什麼東西？會壞掉嗎？可以嘗嘗他的味道嗎？用手指頭戳他眼睛會怎樣？」孩子走過去並且動手打對方，很可能只不過是原始型態的打招呼。

即使如此，還是要讓兩歲以下的小孩學到，拉扯頭髮、戳眼睛和動手打人都會傷到對方，因此不該有這些舉動。最有用的方式是用堅定的態度，暫時把小孩帶離，並把他的注意力移轉到別的事情上。你可以說：「你打蘿貝卡，拉她頭髮，這樣是不對的。我們去玩別的玩具。等你準備好和她當好朋友，才能一起玩。」責罵或是懲罰都沒有用。要是你才剛學一種外語一個月，就因為無法流利開口而被罵、受罰，你會有什麼感覺？社交技能就是一種必須練習的語言，等孩子的發育狀態預備好，才能深入學習。

如何應對愛咬人的小頑皮

小朋友的侵略行為中，「咬人」讓父母特別擔心。多數的咬人事件發生在十四個月到三歲大的期間，正是開口說話的發展期。啃咬經常意味著挫敗或憤怒，尤其是小孩沒辦法用話語讓人聽懂自己意思的狀況。

從發展層面來看，孩童較先學會動手操作，說話比較晚。八個月大的嬰兒就能夠學會一些簡單的手勢來索取食物，表示他還要某個東西，或是表示他口渴但不會肚子餓。有些人提倡教小孩用手勢來傳達需求和想法，理由是會使用手勢的孩子較不會訴諸侵略行為。如果你的孩子還不會說，卻會用簡單的手勢，那麼你可以考慮讓他試試。①

長牙和咀嚼的需求都可能與孩子的啃咬衝動有關。讓孩子啃食胡蘿蔔棒或蘋果切片、咀嚼葡萄乾、吸食柳丁片的汁液，這樣能給予刺激，並適當滿足小孩啃咬的衝動。咬人也可能是逼真的想像力所致：只要有人走近，二十個月大的泰迪經常會啃咬對方的腳踝，過了整整兩個星期，大人才發現，原來他是在模仿小狗的啃食動作。

啃咬行為最可能與「衝動控制」有關。幼兒缺乏有效的衝動控制力（記得，小朋友的前額葉「尚未完工」），因此碰到挫折後會立即反應出來，且通常自己無法用意識來控制。衝動控制需要慢慢發展。孩子大約在三歲時神經系統日益成熟，又逐漸發展出語言能力，大部份孩子的啃咬行為就會減少。話說回來，無論原因為何，咬人事件中的雙方兒童和所有相關成人都會感到忐忑不安，當然也會讓人覺得很痛。被咬者的父母憤怒且護子心切，咬人者的爸媽感到難堪而且也是護子心切，要是雙方都瞭解兒童的發展歷程，就能夠稍微感到寬慰。

兒童受挫折時，還沒有能力用言語說出感受，就會咬人。隨著孩子發展出妥善的自我表達能力，咬人會慢慢消失。另外，咬回去、用肥皂水洗他的嘴、在他舌尖上點辣椒醬等懲罰都沒有用。這些方式無法解決問題，只會火上加油，甚至更像是虐待兒童。

咬人行為沒有神奇對策可以立即根除。最有效的回應就是回歸基本，也就是督導。咬人的孩子一定要受到謹慎的監護。找出規律來，像是你的孩子會在哪個時段咬人？肚子餓時，疲憊時，或是身邊事物變化太大讓他受不了時？要是發現了規律，你在這些時段就要特別注意。就算大人勤於督導，難免還是會出現咬人行為。一旦發生時，可採用以下三個基本步驟：

1. **避免進一步受傷**。立即把小孩子分開，並確認受傷的程度。行動要堅定果斷，但也不失溫和。保持鎮定，不要讓你的挫敗感或是憤怒讓情況變得更糟。要明白，時間通常能

---

①更多資訊請見約瑟夫・加西亞（Joseph Garcia）的書作《和寶寶用手語》（暫譯）（Sign with Your Baby）或是造訪 www.sign2me.com

解決問題，但也要知道你已經盡一切所能。只說必要的話，像是冷靜說：「不能咬人喔。」

2. **讓兩個孩童共同療傷**。處理身體的傷口和情感的傷害。家長很擔心咬人事件，因為流血可能會引發疾病。治療患處時要穿戴塑膠手套來提供必要防護，並且讓相關的人知道要避免直接接觸血液。最危險的反而是咬人者（而不是被咬的小孩），因為他可能吞入血液。（以上資訊，再加上多多關懷和冷靜情緒，應可讓被咬方的家人不那麼慌張。）除了身體上的傷口，小孩的情感也受了傷，療癒情感必須要用關懷來達成。

3. **對雙方孩子展現出關懷**。不論是咬人還是被咬的孩子，都可能感到受傷、難受且氣餒。兩人都需要獲得關懷的對待。就連咬人者，也要知道你關心他。咬傷事件發生後，大家情緒激動，咬人者會覺得自己被當作是壞人，老師會把他叫去暫停區，一整個早上都不准出來。家長則是大吼大叫，叫他去房間關禁閉。家長還常要求幼幼班把咬人的小孩轉校。

在一片兵荒馬亂之中，容易讓人忘記這個小小孩可能是因為挫敗且不成熟才會咬傷人，並不是壞孩子。他只是無法管控自己的衝動，且可能還不太會說話。他真正所需的或許是一個擁抱，還有持續的督導。被咬的孩子不僅情感受傷，身上也受了傷，身心都要獲得照護。

咬人和打人

問：我有一對二十個月大的雙胞胎兒子。我知道這個年紀會有打人和咬人的行為，但其中一個孩子比較常有這種傾向。他打我時，我會離開房間，但他還有哥哥可以陪伴和玩耍。要是我多多關注較乖的兒子而忽略打人的兒子會怎樣呢？

答：一次要照顧兩個小朋友真是不容易。我們的建議可能會讓不熟悉正向教養概念的人相當吃驚：多關注咬人、打人的孩子，務必要請他和你一起來安慰哥哥。這可不是「獎勵」不當行為。

讓孩子幫助另一名孩童，這樣能讓他親身體驗「關懷」。你的小寶貝對某件事情很挫敗，卻沒有用來表達感受的技巧。你可以安撫他，同時教導他這些技巧，但不要期望在沒有督導的情況下，你所教的事情還會繼續維持下去。擁抱攻擊人的小朋友幾秒鐘，接著說：「你看，哥哥哭了。我們去抱抱他。」（你示範的是擁抱而不是打人。）這樣做也是在讓他注意到自己行為對他人產生的影響，這是發展出同理心所需的關鍵步驟。抱了他幾秒鐘後，教他一個技巧，也就是提起他的手，示範要怎麼「輕輕摸」。要是他已經咬了哥哥，過幾秒鐘後和他說：「我們去拿一些冰塊來讓哥哥舒服一點。」接著讓他把冰塊敷在著哥哥受咬傷的位置。

幼兒無法理解抽象概念，但會產生情感和想法的「粗略感受」，並且開始學習。舉例來說，要是你一味的搭救孩子，他會產生自己是受害者的感受，進而認定「我很無助，需要別人照顧我」或「成為受害者能讓我得到情感連結」。要是你一味斥責或處罰攻擊者，這個孩子可能會產生懷疑和羞愧感。感到喪志之後只會促使他更常做出不當行為。你對兩個孩子展現出關懷，等於讓他們知道你會在他們身旁幫助無法控制自我的孩子（記住，幼兒缺乏衝動控制），還有需要時可以信任你來提供安撫。

咬人事件往往發生太快，上一秒孩子還牽著媽媽的手，下一秒就衝到另台嬰兒車去大口咬別人家的小孩，媽媽都還來不及制止。要是啃咬狀況無法控制，可能要讓這個小朋友有些時間來發展溝通技巧（可以考慮納入手語），同時減少他和其他孩童共處的時間。要是在托兒所必須時常接觸其他孩童，可以試試讓他佩帶「可咬」的物品，例如在他的上衣上夾著小型的咬環。請看緊孩子，幫助他學習可以咬這個咬環，但不能咬人。

父母也可以加強培養「要輕柔碰觸」的觀念，邊示範動作邊對小孩說：「我們要這樣輕輕摸朋友。」要是孩子三歲以後還是會咬人，建議可以帶他去做語言及聽力評估，以確保語言技巧發展正常。

社會利益與關懷

本章我們主要討論小孩和他人互動時所需的技能。兒童發育還有另一個面向，那就是「社會利益」，內容包括同理和關懷。阿德勒是家庭與兒童行為研究的先驅，他將「社會利益」描述為對他人的關心，以及想要貢獻於社會的真誠渴望。

等小孩能分辨並具體講出各種情緒感受，像是悲傷、恐懼、喜悅，而且理解到他人也會有這些感受時，他們的發展就快速躍進。這就是同理心的開端，這時候他也開始脫離自我中心傾向。要是小孩會拿繃帶給另一個跌倒而擦傷手肘的小孩，或是分享食物給忘記帶午餐的小孩，就代表他的發展快速進步。你可以針對他善意及關愛的舉動加以肯定，這樣能鼓勵他多多這麼做。

小孩進入家庭和學校環境後，非常想要感受到自己歸屬於此地。要產生歸屬感，一個極有作用的方法就是在家、群體中為他人幸福做出有意義的貢獻。

對於幼兒來說，玩耍和工作其實是一體兩面的。寶寶拚命想要抓取碰不到的玩具，我們可能說這是在「玩耍」，但其實他正在勤奮工作，以培養和發展出新技巧。幼兒通常看到大人做的事，都會很想要共同參與，而小孩想要參與就是邀請他們的好時機，不用等到他能完美達成任務的時候。一旦你把小孩當作是帶來助益的資產，他們就不會顯得很「礙事」。

關懷的根源

關懷之心是社交技能的核心。覺得有能力且可以對人有所貢獻是很重要的事。八個月大的寶寶能把乾淨的尿布遞給爸爸，十五個月大的小孩能幫忙把泡澡玩具擺進浴缸裡，兩歲大的寶寶能充滿幹勁地把廚房地板的水滴拖乾淨。這些任務對於小孩兒來說都很好玩，也能為他們將來的學習建立基本習慣。下次你家幼兒拿起一個花瓶或是一朵脆弱的花，可以請他交給你，避免強行從他手中抽走。只要記得「孩童樂於幫忙」，就能讓你理解他的反應。

事實上，有項研究發現，小朋友似乎天生就有助人渴望。研究人員在梯子上「不小心」弄掉曬衣夾時，研究中的每個小朋友都會跑去撿起來，並交還給研究人員。（幼兒也會撿起書或其他物品。）然而，要是研究人員把物體「扔到」地上，孩子就不會去撿。孩子只有在察覺到大人需要幫助時，才會去撿起掉落的物品。

更重要的是，我們給孩子機會來為他人貢獻一己之力，就能夠種下同理和關懷之心的

種子。**就連幼小的兒童，都可以做很多事情來增進全家的福祉。**孩子出生的前幾年，不只是你看著他，他也看著你。因此你的身教比言教更有效力。明智的父母和照護者會運用小孩喜歡模仿大人的天性，來示範他們想要培養出的技能，並歡迎小孩參與活動和出力協助。

要是你告訴孩子要好好呵護動物，但是他看見你因為寵物貓抓花了家具而暴怒，於是把牠扔出窗外，小孩會學到什麼？要是他看見你舒舒服服坐在公車座位上，絲毫不想讓位給身邊的老人，他會學會關懷他人嗎？要是你在小孩和妹妹起口角時，從遠處怒吼著叫他們「別大聲吵鬧」，他能學會說話時彬彬有禮嗎？小孩會記住你嘴裡說出的話，還是實際上的作為？

還記得第三章提到的鏡像神經元吧？這些神經元會在孩子目睹一項行動時，立刻傳遞出訊息。換言之，**要是你希望小孩溫柔、和善又體貼，你就必須要用擁抱替代打罰，要能將心比心且安撫他人，不要不耐煩，不要挾怨報復，要用心傾聽而不把怒氣出在別人頭上。你展現出的技能，他也會學起來。**

想想看

1. 注意孩子用什麼方式來展現同理及關懷之心，或是其他正面社交技能。或許你傷心時他輕拍你的臉龐，主動拿蘋果給姊姊吃，或是看到同學哭的時候給對方面紙。寫下你的觀察。在小孩面前肯定這些行為，並且具體告訴他：

「你這樣溫柔的摸摸媽咪的臉，非常和善。」

「謝謝你願意和姊姊共享。」

「你拿面紙給同學，這樣很貼心，讓他心裡比較舒服。」

2. 給孩子機會來同理其他人的痛苦，或是表現出關懷的情意。以下提供幾個點子：

講一個有關於小孩或動物歷經波折的故事，像是被朋友排擠而感到受傷、因為要搬家而難過，或是擔心將要發生的轉變（如轉學或換新保母）。問問看你的孩子這個小朋友可能有什麼感覺。把這些情感命名，並且問問孩子是否有過這些感受。

談談他人的需求，像是有人挨餓或是沒錢。邀請小孩來幫忙，譬如說挑選一些罐裝食品送到食物銀行，或是選出一些他不玩的玩具來送給貧苦的小朋友。他做出慷慨行為時有什麼感受？

第四部

家以外的世界

第十七章 大自然的滋養

在你學著為人父母的職責之際，也別忘了全球人類共同的母親，也就是大地之母——大自然。這點很重要，可能大家原本沒預料到。大地之母的的智慧就是取自於我們周遭的自然世界。本書的重點在於鼓勵孩子健康發展，預防問題發生，但有趣的是，和大自然接觸竟能避免或緩解許多常見的困擾，且讓我們能重新整備好面對其他問題。大自然隨時都樂意將智慧和經驗傳授給我們。自然默默圍繞著我們，存在於我們呼吸吐納的好空氣中，存在於水龍頭中流出的水之中，以及肉眼看不見的昆蟲授粉而結出的果實當中。我們很容易忘記我們必須要將大自然納入自己與孩子的生活當中。

令人難過的是，很多家庭裡都沒有大自然和其恩賜的蹤影。焦慮佔據了爸媽和子女的生活，世界看起來好危險又複雜，父母無法拿捏「探索外在世界」和「守護孩子安全」之間的平衡。事實上，焦慮感在二十一世紀的生活中宛如大型傳染病，而孩童會從過度保護的父母和媒體上感染這種疾病。現代生活日益繁忙。父母要工作，實在是沒有時間（應該說從父母角度看來沒有時間）在大自然環境中玩耍，放慢腳步，好好呼吸，不怕弄髒衣服。

世界各地的孩子，腳下踩著的都是地毯、柏油路或是充滿塑料材質的遊樂場，從未感受到草地的鬆軟彈性、苔蘚的光滑平面，或是光腳丫踩在砂礫上的粗糙感。堅硬的鞋底讓孩子的腳底從未碰觸到土地。雖然孩子皮膚細嫩，必須穿鞋子保護，但也很容易因此讓孩子沒有機會體驗到世界上各種美好的質感。孩子誕生下來之後，有一整顆大大的星球等著他去探索，透過自然世界來認識生命。接觸大自然不只是為了感懷而已，研究顯示，**與大自然接觸能刺激幼年學習，且可預防肥胖、抑鬱、焦慮等諸多問題**。

從親手體驗到充盈內心

大自然在各個層面照顧到我們的需求。我們因呼吸新鮮空氣而身體強壯，綠色植物辛勤工作讓我們獲取足量的氧氣，純淨的水滋養了我們。我們的食糧從富饒的土壤所栽種而來（前提是不要吃太多加工食品）。大自然透過各種感官來幫助我們大腦發育，也就是我們所見到、傾聽、嗅聞、碰觸和品嘗的萬事萬物。

大自然也照顧了我們心靈的健康。接觸大自然能安撫我們，洗滌日常繁務的壓力，幫助我們的身心平復。陽光提供必要維他命並且減緩憂鬱的心情。接觸這個大地之母也能讓我們更加專注、更善於解決問題、迸發更多創造力。大自然給我們越多，我們也越在乎大自然的需求：地球環境日益惡化，氣候持續變遷，需要下一代積極參與解決問題。讓孩童多接觸自然世界，也等於是在關懷並提升地球這個棲地的環境狀況。

經驗＋頭腦＝學習

我們一生的經歷多從五感而來，特別是在幼兒時期，而自然世界充滿著這些經驗。

小娜汀透過觸摸，知道了到小貓的毛很柔軟，水有冷的、熱的、溫的，還有淋在臉上的雨水和灑落下來的陽光會帶來不同的感受。但是，要是她從沒有撫摸小貓，從來沒有把手指放入水中攪和，也沒有用臉來接觸天氣，就沒辦法學到這些事情。

山姆發現刺眼的陽光會讓他瞇眼，雛菊柔嫩的花瓣和松木粗糙的表面非常不同，而翱翔於天際的麻雀變得好小，但在路邊餵食牠們的時候好像比較大。這些體驗都能讓人更深認識世界的運作方式，並且把新的資訊印刻入腦袋。氣味讓他注意到花園裡新翻的土，感到海邊薄霧傳來的一陣鹹味，並讓他轉頭望向綻放的紫丁香花叢。

芭芭拉老師的幼幼班小朋友行經田地，「嘎」一聲讓每個小朋友抬頭看著天空，只見一隻烏鴉掠過。田裡哞哞叫的牛或汪汪叫的狗則讓他們注意到這些不同的動物。這場戶外冒險之旅也小朋友們瞭解到玫瑰雖美，但上頭帶著尖刺；雪花質地柔軟，但會把手給凍僵；岩石堅硬而外觀有時看來好吃，但嘗起來難吃極啦！

人類利用這些經驗來創造記憶，並存入腦中。就連語言都會受到影響：要是小孩從未用腳趾踩踏小泥坑，要怎麼透徹瞭解「黏答答」這個詞語的涵義呢？

驚奇與創意

據說牛頓坐在蘋果樹下，因蘋果掉到身上而發現地心引力。所幸，大自然不用把東西砸在人身上也能促發創意。你有沒有這種經驗：暫時放下手邊困難的事，到花園逛逛，結果竟能輕鬆解開難題？大自然就是有這種力量！有個研究發現，辦公室裡擺放綠色植物，能讓創意發想提高百分之十五。

美感、驚奇與創意息息相關。落日時分的姹紫嫣紅、秋葉的金澄與黃，以及小狗鼻尖上絲綢般的綿軟感觸，都讓人嘖嘖稱奇。大自然飽藏驚奇，每天都樂意把這樣的禮物贈予我們，只要我們用心去觀看。

跟小孩一起走出門外吧。留意看看停駐在排水管上方的紅雀，觀察清晨水珠迸開瞬間的閃光，看看寶寶欣賞小螃蟹橫行沙地時的晶亮雙眼，再瞧瞧小朋友想要舔舔葉片上雨珠的模樣，這些都是令人驚奇的時刻。孩子天性就愛挖鑿沙灘上的沙子，他們的手指會創造出精細的圖樣，上面有條條交錯的細紋，其上流淌著自然所帶來的創造力。

生命的教誨

大自然毫不費力就能教會我們所多事情，也就是「自然後果」的實例。無需特別提醒孩子，他們也會知道在沙岸上行走要放慢腳步，因為沙子自然會告訴他們這點。走出戶外一天，挑食的孩子也能食慾大增。帽子沒有綁好或扣好，轉眼就會被風吹走。親身經歷比爸媽千交代萬交代還要有效。

小朋友還能從大自然學到哪些事情呢？種下蘿蔔種子，就能看見冒出來的小綠芽，結出紅色的球莖還可以吃。這豈不是培養耐心的絕佳課程嗎？沙漠的寧靜，海浪拍打岸邊的低語，讓人心如止水。大自然能給予慰藉，紓緩內心，並鼓勵孩子聆聽自己內心的聲音。

沒有暗空，就見不到繁星。世界上有許多地方幾乎找不到真正的黑暗了。街道和建築物的光害嚴重，市區根本很難見到星星，遑論銀河景觀。要是你想讓孩子瞭解信任和安全，可以告訴他星星一直都存在，只是有時肉眼看不到，就像是媽媽會出外工作，下班後就會回來。

大自然也能教導我們關於生與死的寶貴課程。寵物小貓或小狗一天天長大，孩子學習呵護牠們，這樣能學習責任和善待生命。心愛的寵物離世常是孩子第一次面對死亡，這是生命中悲傷但沒有人可以逃離的一環。大自然讓我們學習應對生命中的各種層面。

對身體的好處

孩子從停車場走一小段路到附近店家的時候，常會哀求要人抱，說實在「好遠」或「好累」走不動，但他們卻能毫無怨言走過落葉堆或長草的小徑，這不是一件很神奇的事嗎？

在親近大自然時，我們自然會慢下步調，不過時間卻似乎過得特別快。

要是孩子很難睡，可以帶著孩子在傍晚接觸大自然，在庭園裡探索植物，或是到社區周圍走走，看看頭上的天空和鳥兒，可以讓爸媽和小孩都更加平靜好眠。

情緒健康、減緩壓力和平復

大自然隨處是機會，可讓我們在忙碌生活中找到平靜。到樹林裡安靜散步，以及聽聽海邊的浪濤聲，能帶來任何搖籃曲都比不上的祥和感。但很少人能夠天天親近樹林或是海灘，你可能要主動在生活當中尋求這些體驗。

你和孩子分別在工作場所和托兒所待一整天後，若能稍微接觸大自然，將可減少夜晚的浮躁心情，這消息真是令人振奮。花點時間走出戶外，或者巡一巡居家的盆栽，看看是否要澆澆水和照顧花草，都能讓親子調整心情。

大家都知道壓力容易導致生病。所幸，減緩壓力就可以療癒。譬如，能從窗外看見樹木的病患用藥量較低，住院天數也會縮短。經常在自然環境中玩耍，能增強孩童的協調和敏捷度，他們也較不容易生病。

邀請我們的「母親」進入生活

大地之母蘊藏許多寶藏。只要張大雙眼，自然的恩賜就會讓人目不暇給。你身為父母或是照護者，就是要確保小孩子可以獲取這些恩賜。遊樂場裡雖然覆蓋著避震的膠墊，但還是可以放置萬年竹或是小樹叢。你可以在家裡設置一處「自然之台」，讓小孩在上面放置他們找到的寶藏，像是光滑的貝殼、閃亮的小圓石，或是飽含蜜汁的蜂巢。

以下提供在居家增添自然元素的建議：

- 建造一座菜圃或盆栽來讓小孩照料。在罐子裡用小小種子來栽種苜蓿芽也可以。看著種子長出芽而可以拿來做晚餐沙拉，能讓小孩子體驗食材生長過程的奇蹟。
- 要是沒有空間蓋菜圃，花些時間帶小孩去觀賞農場或花園。也可參觀農家收割胡蘿蔔，剪幾片薄荷葉放入水杯裡，或是採集一籃雛菊等花束來當餐桌擺設。這些活動都能讓我們親手碰觸大自然，並且用心感受。

- 在適合親子觀賞的位置放座餵鳥器，一起看著鳥兒飛來飛去，機警地擺動頭部，啄起種子叼走。好好賞鳥，聽聽鳥叫聲。你們能分別出是哪一種鳥在叫嗎？可以拿圖鑑來對照。

澳洲一個托兒機構決定拆除教室裡的所有人造設施，替換成天然物品。師生們先以澳洲原住民為例展開討論，看看在自然環境當中有什麼可以拿來遊戲的素材，結果有木材、貝殼和小樹枝製成的籃子，新的課堂架子上擺滿了小圓石製成的容器。這些孩子發現，能用質地較軟的石頭在樹皮上作畫。他們用貝殼、小圓石和小樹枝擺設出令人讚嘆的曼陀羅圖騰，而且孩子們往往能夠長時間全神貫注來完成作品。這個計畫原先預計進行一個禮拜，但孩子們太喜歡了，因此延續了好幾個月。

尼泊爾有一群小孩發明了國際泥巴日，鼓勵世界各地的人一起玩泥巴。各社區都會在這一天準備泥巴，讓孩童整天在滑溜的泥巴裡歪歪晃晃行走。他們體驗到泥巴的溼滑、流態，還有柔滑或粗糙的質感。他們全身弄得髒兮兮的，但這是讓人心曠神怡的經驗，且衣服可以清洗。你的孩子知道泥巴的觸感嗎？你自己有這種體驗嗎？試試看吧。

大自然的永續

大自然也能從這些互動受惠。人和人之間有了情感，就能連結彼此，**同理，孩子有機會和自然界互動，也能讓他們產生關照人事物的感受**。我們想要愛護的事物，就會珍惜並設法保存他們。這樣等小孩長大成人時，會重視、照料且保育自然界。

接觸自然的各種體驗，以及與自然界形成情感連結，都是我們可以給孩子的最佳禮物。這就是最厲害的預防式教養，能夠滿足小孩的身體、認知和情感需求，且能夠長久維持，成為終身技能。你是否做了什麼來邀請大自然進入住家、托兒環境或生活裡？你是否給予空間來容納大自然，或是將其阻擋在外？大自然是個客氣有禮的母親，需要我們主動邀約。或許你太久沒有見到她，該聚一聚了。

想想看

1. 要激發創造力，可以帶小孩前去可愛動物區與馴養動物互動，或是到樹林或海邊走走，或一起欣賞日出日落。接著給孩子一些蠟筆、彩色畫筆或顏料，和小孩一起創作吧。結果如何呢？你們用了哪些顏色？是日落的色彩嗎？你們觸摸的小羊有出現在畫作當中嗎？圖裡有樹木的青綠色，或是海洋的靛藍色嗎？就算沒有明顯可見的關聯，踏青所獲得的活力也能加強創造力。多多這麼做吧。

2. 跟小小孩一起安靜漫步。先向他解釋，你們倆會只專注聽著身旁的聲響。雖然幼小的寶寶聽不懂你說的，但你默不出聲而悉心聽聲音時，他還是能感受到你的肢體語言。盡可能在自然的場景裡來做這件事。就算是市區街道，也能教導你們仔細聆聽，結果聽見什麼？

踩踏礫石時腳下發出的喀嚓聲？

車輛呼嘯而過的聲音？

停駐在電線或是樹梢枝頭的烏鴉叫聲？

幸運的話，搞不好還能聽見……

沉靜。

沉靜能夠充盈我們心中，盡情享受吧。

第十八章 數位與心智

數位原住民、行動時代寶寶、觸控螢幕世代、遙控兒童等都是媒體用來描述當今孩童的用語，這些都是最近短短幾年間出現的新用語。而我們把google當作搜尋線上資料的動詞，也是這幾年才有的事。現在許多家長替寶寶取名字之前，還要參考Google的搜尋結果，免得日後孩子的名字後面跟著幾千條惡名昭彰罪犯的相關結果。

不論是電視、智慧型手機、平板裝置、個人電腦（還有未來將發明的裝置），或者是螢幕使用時間和社群媒體等，都是今日的現狀。我們無法想像沒有社群媒體或短訊功能的生活，而且手機不離身，而且這些裝置變化的速度也是日行千里。科技飛快進展的同時，兒童對行動裝置的使用率也是以前所未見的速度向前奔馳中。

筆者撰文之際，幾乎每十名嬰幼兒中，就有四人使用過行動裝置。相較之下，兩年前的比率則是十人中只有一人使用。二〇一三年，SquareTrade 發表的一份研究發現，美國國內有百分之八十五的兒童天天使用行動裝置，且他們看螢幕的時間平均超過三小時。可能很難相信，但兩歲以下幼兒每日使用螢幕的平均時間是一．五小時。父母可能會笑稱平板電腦發揮了安撫小孩的「奶嘴」功效，但這對小孩發育中的大腦會產生什麼影響？

對孩子來說，與家長和照護者擁有健康的情感連結，實在很重要。至於就發展角度而言，行動裝置的合宜使用界限在哪，業界說法還不斷修正。美國醫學會（American Medical Association，AMA）過去建議未滿兩歲的兒童不宜使用任何電子螢幕，但現在已經放寬到「盡可能少讓未滿兩歲的兒童接觸電子媒體螢幕」。即使有這些建議，出外用餐時還是常看到幼兒拿著爸爸的智慧型手機在玩，也有很多家長誇耀自家小孩年紀輕輕就會操作數位裝置。無論我們喜歡與否，**孩子已成為科技的活體實驗品，被用來測試使用螢幕所造成的效應**。

心理學家傑羅姆．布魯納（Jerome Bruner）提出「動作表徵」（enactive representation）一詞，用以描述孩子的雙手如何表達他們的想法，例如口渴的孩童會做出拿杯子喝水的動作。這也說明了為什麼觸控螢幕會顛覆整個局勢。要是手指滑過螢幕能出現一道彩虹，哪個小孩不想要再玩一次、又一次？但這能教會小孩什麼？這對腦部迴路有什麼影響？令人不得不警覺的答案是，這些事情其實我們都還不曉得。

科技牽動的心智：使用螢幕與社群媒體間的兩難問題

科技變化快速，根本不可能預測出長期影響，每項新進展帶來的相關疑問也很難得到答案。我們已經知道，幼童前幾年的大腦所受的印刻，會影響一輩子。無論你對科技的看法如何，都必須要仔細思考，才能做出有自覺的周詳決定，讓孩子接觸多少科技。

態度是最好的應用程式

二十一世紀的生活相當緊湊。父母忙碌奔波，不難理解他們很想讓小孩坐在電視機或遊戲機前，這樣就可以趕緊準備正餐、摺好衣服，或是爭取到清閒的一時半刻。有位家長說：「說願意限制小孩電視或電腦使用量的爸媽，一定是在上班的父母。我們這些整天在家顧小孩的爸媽，很需要自己的時間！」重點不在於育兒是否是繁重的工作（是）或很累人（當然很累），而是在於你要意識到自己的選擇和態度，以及這會對小孩發展和觀念所帶

來的影響。

所有父母多少少都需要自己的時間，行動裝置看似是有用的「保母」，但這其實就像垃圾食物，服用少量的話不致於禍害終身。不過，要是父母不小心，可能造成一發不可收拾的結果。其實可以試著改變自己的態度，不再把孩子當作是干擾你做事的人，這樣看看你是否能夠放慢步調，享受在小孩身旁做事？和小孩共同完成任務可以讓他學到寶貴的技能，還能加深親子間的感情。

我們的目的不在於讓家長對自己的選擇感到愧疚，我們也不倡導要養出被過度保護的溫室花朵或是過度放縱的小霸王。我們要的是鼓勵多思考，且採取有自信的行動，包含你

哪個比較有效：坐而言或起而行？

阿德勒說：「透過觀察動作，可以觀察一個人打算要做的事，包含連他自己都沒有察覺到的決策。」換句話說，要注意的是一個人的行動，而不是口中的話。你是否在房間另一頭大吼要小孩讓下手機或平板？還是你親自走過去，拿走手機並把它收起來或關掉？小孩會效法他們看見的他人行為。你的小孩看見什麼？你在小孩身旁多常用科技產品？你比較喜歡和小孩還是和科技產品互動？他會覺得你比較喜歡手機還是他？

和小孩都是。

照護者是家長的好隊友

既然有這麼多決策要選擇，而且有這麼多未知數，人很容易就對快速演進的科技無所適從。現在很多嬰幼兒是托給別人照顧，等於有許多選擇是交給這些照護者來決定，**如果你的孩子是由他人照顧全天或半天，你就要和照護者談談科技和行動裝置的使用狀況**。小孩在家的經歷會影響到他在托兒環境中的行為，反過來也是一樣的。

孩童受到螢幕內容所影響。例如照護者可能有天發現你的孩子特別愛推人、打人，要是他告訴你這件事情，這就是一個機會，可以和照護者討論一下孩子觀看螢幕的內容是否影響了他的行為。這樣的討論，能讓大人意識到自己做出的選擇。另外，你也可以和照護者講定孩子使用電子產品的規範，讓家裡和托兒機構的作法趨向一致。

關係很重要

所謂人與人的關係，就是眾人彼此互動、回應他人的方式。這對人生中各項判斷都會產生深刻影響。

> 兩歲的貝薩根據自己和旁人日常相處時體驗到的規律和可預測性，來判斷是否可以信任他人。她判斷是否可預期到和善及尊重的態度，並在經歷和善與尊重的同時，學習對他人展現和善與尊重。要是她經常遭批評，可能會退縮放棄。要是她挨打，更可能會用打人或是傷害人的方式來得到自己所想要的結果。

幼兒在人生早期的每個判斷都極為重要。你當然想要讓孩子盡量有機會來做出最健康、適當的選擇。而孩子的價值觀，經常來自電視等媒體內容，這些內容符合你自己的價值觀和信念嗎？孩子使用電子螢幕的時間長短，會對他的認知產生莫大影響，而且這個影響可能比你所察覺到的還要深刻。

孩子使用螢幕的時間，是否取代或超過了他和其他成人或兒童共處的時間？無論是與人共享餐點，與其他小朋友相處，還是到公園走走，這些與他人共處的機會能培養孩子的技能，強化人與人之間的關係。看著銀幕上色彩鮮豔的物體跳來跳去，或按下各種按鍵來產生嗶嗶乒乒的一堆聲音，這樣可以達到與人共處的效果嗎？恐怕是沒辦法。

內容和學習

父母通常會慎選給孩子的讀物，大概沒有孩子會喜歡在睡前讀一本經典古典小說，但卻很喜歡健康的童書。同樣的道理，我們也當慎選孩子接觸的電子產品。

許多媒體會標榜「教育性」。有人認為電子產品可協助孩子學習字母或數字。但除了學習以外，還要注意「型塑大腦」：面對螢幕，孩子的腦內會產生什麼變化呢？研究學者正在尋找答案，但其實還沒有人真正曉得。

孩子把肥嘟嘟的手指放在螢幕上搔小貓咪癢，小貓會邊扭動四肢邊喵喵叫。這時，小朋友可以學到「我的行為會產生可預測的反應」（只不過和真貓的反應有點差距）。雖然這樣的學習過程中有互動，但這種課程「寶貴」嗎？研究顯示，不管內容為何，光是螢幕散發出的燈光和動作效果就會影響到兒童腦部。閃爍的光芒、快速變換的顏色和人物可能會影響到注意力持久度，以及非語言的學習技能發展。而且螢幕的光線本身也影響到睡眠。別忘了，你等於是把你家寶貝，拿去當成未知科技的實驗品。要是心有存疑，就關掉科技產品吧！

電子產品擺放的處所很重要

有件事情我們很肯定，那就是兒童房間裡不需要任何螢幕。我們找不到任何理由，可以證明在孩子房間裡擺放任何電視或電腦等螢幕的必要性。但我們也確實知道許多孩童房裡是有螢幕的。**不管幼兒多會操作遙控器或是滑動螢幕，他們都還沒有明智選擇觀看資訊內容的能力**。大人的監督非常重要，請將螢幕擺置在你能和小孩一起觀看的地點。

這是一種書的概念嗎？

現在的年輕人很喜歡講「某某的概念」。青少年看到飄雪時說：「看！這就是雪景的概念。」這個趣味講法也適用於使用螢幕的相關決策。行動裝置用途很多。我們已經知道，大人與幼兒共同閱讀，是鼓勵語言發展、預備學習的一個絕佳辦法。你可以問問自己，這個裝置能達成書本的功能嗎？可以說是它是一種「書的概念」嗎？書有哪些特質？

- 讀書體驗是由家長控制（你來翻頁）。

・能激發想像力、使人內心產生意象。
・鼓勵思考。
書籍是如何激發想像力？書籍使我們在心中創造出自己的圖像。圖畫書則是促進我們細細思考以下問題：
・「你覺得小熊接下來會做什麼事呢？」
或是讓我們想要翻到下一頁：
・「哞——」，這叫聲是誰……（翻到下一頁吧！）……是牛！
接著，把這些標準套用到電視節目、平板裝置上的遊戲或應用程式，或是電腦上的影像。符合「書的概念」嗎？
・是誰控制？（互動與被動）
・能引起想像力嗎？
・能鼓勵思考嗎？
看著螢幕上的影像漂浮和爆炸（儘管很有娛樂效果），或是不斷重複點擊按鍵來產生效果，可能是打電動或是操作飛行器的優良訓練方式，但充其量也是被動的作法，甚至是很機械性的動作。它不是書的概念！跟奶奶一起讀電子書和「翻頁」才比較接近書的概念。思考書本的各項標準，並且自己下些定義，接著問問使用某個螢幕是否符合書的概念。是的話，可以酌量使用。不是的話，連用都別用吧。

使用螢幕會讓人上癮（許多成人親身體驗過），而且要是沒受到限制，很容易就會長時間盯著螢幕。把電視或其他裝置放在小孩的房間，只會讓他與人隔絕而不是與人連結。成癮性加上隔絕，就可能讓小孩養成「對生活麻木」的習慣，而不是「享受生活」的習慣。把媒體放置在共同空間（像是家庭休閒室），能讓全家人一起討論要觀看或是玩樂的內容、時段以及持續多久。

趣味還是真實？

追求趣味本身沒有錯。在海灘蓋沙堡很好玩，跑步和玩鬼抓人很有趣，又能運動。有時候玩媽媽的智慧手機也很好玩，要是能為你帶來歡笑，這也沒有錯。

不過，有其他更好的玩樂方式嗎？絕對有。跟爸爸玩捣臉躲貓貓，比盯著彩色螢幕好玩，而且更能夠促進學習和加深感情。小孩需要學習如何與他人往來、發揮創意，還有享受與其他成人及兒童的互動。只要能兼顧這些原則，「偶爾」使用觸控式螢幕打遊戲取樂大概也無妨。但別忘了，要設立合理的限制，並且用溫和而堅定的態度來貫徹到底，就算小孩吵著要繼續玩也不可以動搖。

內容與商業化取向

許多兒童節目其實是經過包裝的行銷手段。簡短的廣告時間無法呈現足夠的產品資訊，因此整段節目搖身一變，成為玩具、食物的宣傳。這表示，他們型塑出的人物角色和產品密不可分，目的是要讓你的孩子「想要」這些東西。

家長一定要特別留意，注意小孩都在看哪些內容，並且要和他一起看。這樣你就能知道電視上傳授什麼樣的價值觀、示範了什麼行為，以及對小孩產生什麼影響。一起收看節目能讓你和小孩討論所見到的內容，並且影響他們傳達的訊息。這也是讓小孩學習批判性思考的機會。觀看電視或其他節目本身很被動，但是，和小孩共同討論所見內容，可以引發小孩的關注，並鼓勵他動腦思考。

那隻恐龍搶走了朋友的骨頭，他的行為，你有什麼想法呢？你想要的玩具，但是朋友正在玩，你可以去打那個朋友嗎？這樣的話，他朋友會有什麼感覺呢？你覺得恐龍可以改用什麼方法呢？

一起觀賞節目也能讓你知道媒體正在鼓動孩子什麼樣的物質慾望。身為父母，若你覺得這種行銷方式是在操縱你的孩子，你可以抵制這些商品，也可以關掉節目來做其他有創意且主動的事情。

電子螢幕外的選擇

科技很吸引人，且多數家長都希望孩子能擁有美好的事物。但是，這些裝置真的那麼好嗎？你的寶寶坐在車上座椅時，應該盯著電腦螢幕看嗎？還是要看看窗外的天空、樹木或是坐在隔壁的姊姊？你可能不相信，現在連兒童便器上面都可以裝設平板電腦了，但這表示你該買這種產品嗎？我們不以為然。

請仔細思考這個議題。不管你打算怎麼做，都要謹慎。小孩子使用螢幕不能當作是碰運氣的事，而是要設下合理的限制。對小孩要溫和之外，必要時也必須拿出堅定態度。以下提供一些建議：

- 書庫向來是很棒的資源，而許多童書有出電子書版本。還記得我們前面提到所謂「書的概念」嗎？若說電子產品有哪些正面的用圖，大概就是看電子書，因為那也是閱讀。

另個選擇是，請托兒機構或照護者借給孩子積木、拼圖等「非數位」的互動遊戲器材，帶回家週末玩。這樣既不用多花錢就可以娛樂，還可以鼓勵小孩在家進行「非數位」的適當休閒活動。

你心在當下嗎？

下次你和小孩去到遊樂場、機場或賣場購物時，可以做個實驗：環顧四週，看看孩子正在盪鞦韆、欣賞窗外飛機起落的時候，有多少家長或照護者是在一旁看著，和他們一起互動？有多少家長是在講自己的電話、收發訊息，或是和科技產品親密程度更甚於親子關係？

行動裝置就像是金錢，本身並沒有絕對好壞，其價值取決於使用的方式。孩子誕生的前幾年，正在對自己、對你、對這個世界的運作方式還有他所處的位置，不斷做出重要的判斷。你希望他產生什麼樣的信念呢？請你盡可能全心投入這些人類情感及學習的黃金

密技：使用任何螢幕前的思考問題

- 是否取代了真人互動，或是用量超過真人互動量？
- 是否取代了親自動手的體驗？
- 有「書的概念」嗎？
- 會對我小孩有什麼影響？有了這個體驗，他會做出什麼判定、學到什麼，或產生什麼信念？

時刻。如果想要使用科技產品的話，等小孩長大後不愁沒時間。①

想想看

1. 下定決心，下次從事親子活動時，關閉所有裝置，全神投入。無論是戶外活動、購物或是排隊，注意當下發生的事。和小孩互動、問他問題和鼓勵他提問，並練習仔細傾聽。

2. 把這次的經歷記錄下來，問問自己：感覺如何？

和以往有什麼不同？

這對我和小孩分別帶來什麼改變？

3. 在家庭聚餐期間或是一整天都不碰科技產品。關閉裝置，把心思放在用心陪伴家人上。定期這麼做能有什麼結果？

---

①更多資訊請參考簡・尼爾森（Jane Nelsen）和凱莉・巴特利特（Kelly Bartlett）共同著作的電子書，書名為《救命！孩子沉迷於電子螢幕—唉喲，我也是：管理家庭使用螢幕時間的正向教養工具》（暫譯）（Help! My Child Is Addicted to Screens (Yikes! So Am I.): Positive Discipline Tools for Managing Family Screen Time），www.positivediscipline.com

第十九章
如何選擇托育服務

不管你有多麼能幹厲害，還是不太可能全憑一己之力來照顧小孩。大多數人都要工作，對於大部分的家庭而言，托育照護是必須面對的現實。

許多人一天的開始就是準備好午餐餐盒，拿起背包、心愛的玩偶、外套，接著把小孩送到托兒所。有些小孩去親朋好友家，有些留在自家請保母照顧，也有一些小孩是長時間在托育中心度過。對於這些家長來說，托育服務是有必要的事，而他們主要就是以預算來選擇最佳的托兒對象。另外也有些爸媽是留在家裡顧小孩，並且認為只有爸媽可以照顧好幼兒，托人照顧是較差的作法。每個家庭都有獨特的需求，請聽一聽以下兩位家長的心聲：

問：我從書上讀到你認為媽媽外出工作不會對小孩產生負面效果，能再多解釋嗎？目前我需要工作，但我兒了一天待在托兒所九小時，這會對他造成不良影響嗎？我覺得很愧疚。兒子是我最疼愛的人，我想要在他身邊，卻做不到。

問：我鄰居的兒子是托兒所照顧，他比我兒子小兩個月，已經會算數、寫自己的名字，也認識各種顏色。我是隨時在家陪孩子的全職媽媽，但我兒子對這些一竅不通。每次看到鄰居我都覺得自己很無能。我擔心兒子上學時會輸在起跑點上。

答：幼兒該由誰照顧，多數人抱持強烈意見。我們相信，不管小孩在哪裡受到照護，或是由誰來帶，其實最重要的是「照護品質」本身。「優質」的托兒服務可以支持小孩發展出健康適宜的自我價值感、情緒狀態、學習與腦部發育，並且與他人形成正向關係。孩童需要跟照護者及父母之間建立情感連結，要是爸媽不能常待在小孩身邊，就必須把握有限的親子相處時光，好好培養緊密的感情。

許多媽媽在家或在外都會感到愧疚，但愧疚感並無助益。每個人都是根據自己的情境和信念來做出選擇。幼兒喜歡和爸媽在一起，我們也確知爸爸媽媽和小孩間的情感牽絆十分重要。但是，要好好發展這種情感，不必然只能透過和爸媽相處。事實上，小孩能在多種情境當中學習和成長。

托人照顧小孩有害處嗎？

一位母親有四個小孩，她分享自己在家帶前兩個孩子，以及後兩個孩子出生後她去工作，讓小孩待在托兒所的心得。

我在老大、老二出生後的前三年，都在家裡照顧他們。老二滿三歲時，我們家開辦了蒙特梭利體系的托兒中心，老三、老四等於同時獲得自家和托兒兩個環境的最佳好處。我們夫妻在托兒中心工作，所以孩子們可以待在父母身邊，也每天參與了托兒所的美好生活。

現在我們四個孩子都發展的很好，我們托兒中心也鴻圖大展，開業已經三十五年，就連我們的孫子、孫女也送來這裡。我們中心所照顧的孩子當中，許多人已經長大成人，有些自己也生兒育女，甚至帶自己的小孩來上這間托兒中心。以前畢業的學生也會常來看看我們和敘敘舊，而且不只一個人說我們中心幫助他們在人生中獲取成就。他們成為懂得愛人、有能力且負責任的人，我們很感謝我們家能為眾多年輕一輩帶來重要貢獻。

關於托兒服務，大家的研究論點、態度和理論不一。上述的故事能提供長期觀點。你可能會想：能把孩子帶在身邊，就不算是出外工作，但這不是重點。這位母親的孩子還是面臨許多挑戰，像是要和其他孩子共享爸媽的關愛，或是即使身在托兒所，每天還是有好幾個小時和爸媽分開。有些爸媽在家工作，也必須要時時中斷手邊工作。重點是，各種生活境遇都會產生各式挑戰，只要採用有效的態度和技巧，就能夠順利應對這些狀況。

在家帶小孩能讓爸媽和小孩子都獲得許多益處，在優質托兒所的經歷也是一樣。兩種情境都不能保證會有震撼人的正負結果。

工作與托兒的全球觀點

父母隨時都要工作。所謂「要工作的父母」指的不限於在外領薪水工作的人、外聘托兒服務的人，或是每週工作好幾個小時的人。事實上，爸媽都會有各種事情要辦，所以他們的小孩會經歷不同的托兒照護。

長期以來，很少有文化會期望母親待在家裡一手包辦育幼責任。通常，哥哥姐姐、女性長輩和住附近或同住的祖父母，也會幫忙照顧孩童。

北非鄉村有個著名的說法，那就是「同村協力——孩子是由一整座村莊共同撫養的」。實際上，所謂的「村莊」包含了親戚、鄰居、社區或部落的其他人。印度家庭裡通常有好幾個世代，許多亞洲國家女性結婚後會搬入夫家同住。美國原住民傳統上孩子會由許多「阿姨」養大，而且有的並沒有血緣關係。在這些文化裡，孩童會從親朋好友的大家族裡獲得照護。

為孩子做出最佳選擇

史蒂芬妮任職的醫院裡就有一間托兒機構，讓她覺得萬分慶幸。她在午休時間會趕緊下樓去抱抱兒子。史蒂芬妮未婚生子，而且孩子的父親沒有盡責撫養，但她還是決定把孩子生下來，以單親媽媽身分來撫養兒子。無論是離婚、單親養育或甚至另一半從軍而受外派，都可能導致沒有伴侶在旁而要一人撫養小孩。不過，史蒂芬妮全心全力對待兒子，並且努力工作來為他提供美滿的家庭。

羅傑和珍妮佛是史蒂芬妮的醫院同事。珍妮佛想留在家照顧三歲的兒子，但她覺得這樣讓她缺乏工作上的刺激。她越是想要當好在家帶孩子的媽媽，越是感到灰心喪志，也因此兒子搗蛋時特別生氣。她擔心或許自己實在不是當全職媽媽的料。她和羅傑都很疼愛兒子，但是，珍妮佛發現，要是不用一整天悶在家裡顧活潑好動的小孩而心浮氣躁，她當母親的表現反而會好許多。她雖然有些愧疚不安，但她和羅傑都真心認為兒子在托兒中心比較快樂，可以爬上遊樂設施和許多朋友一起玩耍。現在珍妮佛事業上發展順利，也比前更享受當媽媽的生活。

泰妮兩個小孩沒上托兒所，小孩共用一個寢室，騰出一間空房間出租給大學生，租金成為他們的生活費，讓泰妮待在家照顧四個月大的艾莉卡和三歲大的邁佳。泰妮的丈夫每天要通勤一小時上班，而且鄰近的托兒院所他們都負擔不起。泰妮每天辛苦帶小孩讓她疲累不堪，有時候家裡兩寶的要求更是讓她想要放聲尖叫。也有時候，光是看著小小孩，就讓她心頭湧上暖意，簡直教她融化，她為能夠陪伴兩個小孩的時光獻上感恩祝禱。

在家顧小孩的爸爸媽媽發現，每天一對一和孩子接觸，意味著可以享受到許多探索的奇蹟時刻、共享的溫馨時光，還有親子之間的寶貴回憶。但待在家裡也會碰到孩子因好奇而把整捲衛生紙扔進馬桶導致堵塞、孩子吵鬧把睡著的嬰兒妹妹吵醒而搞得一片混亂、孩子不肯收拾積木還故意亂丟等等。要上班的父母也會經歷這些時刻。所以，不管你的採取什麼生活模式，這些兒童早期的狀況都會發生。

許多父母最想要的就是待在家陪伴小寶寶。理想情況下，每個人都可以選擇這麼做，但在真實世界中，不得不面對殘酷的現實。有些家長選擇在家顧小孩，放棄了事業和報酬，選擇了物質上更簡單的生活方式。他們應該被肯定、敬重和支持，而選擇工作的家長也是一樣。**問題不在於你是否認同隔壁家鄰居的選擇，而是你是否為自己和孩子做出最佳選擇。**要工作或是待在家是個複雜的抉擇，很難說哪樣是對或錯。你必須要正視自己的狀況來盡量做出最好決定。

新式大家庭

對現代人來說，越來越難享有大家庭幫忙照顧小孩的優勢。但現今的托兒機構可能會取代過去大家庭扮演的角色，例如舉辦餐會讓家長互享彼此的拿手菜和故事。這麼一來，托兒中心能維繫感情和營造出社群感。

養育幼兒時，每個家庭都需要很多人的協助。優質托兒機構的工作人員可以提供智識、經驗和資訊。

艾倫的女兒被診斷出患有氣喘，而托兒中心的老師除了安撫她，還推薦她參加一個由氣喘兒家長組成的互助會。

珍奈爾經過一年的申請、延遲和等待，終於在幾週前領養了女兒漢娜。領養日當天，漢娜滿四歲。珍奈爾是單親媽媽，必須要工作，托兒中心成為她們新組成家庭的重要支柱。

中心的其他家庭帶來給人一種社群感，宛如兄弟姊妹般的情誼，且舉辦社交聚會，這正好就是珍奈爾和漢娜所需要的。托兒中心有些小孩也是被領養的孩子，其中還有一人是來自跟漢娜同一個國家。這個小孩的家人很快就跟珍奈爾和漢娜培養出緊密的連結感，兩家人互相扶持且規劃聚會活動，而兩個小寶寶也開始彼此熟識。

在家的爸媽也需要支持。附近沒有其他家族成員的話，會讓他們容易孤立。就算附近有其他家人在，爸媽也還是需要鼓勵、社交接觸和支持。

托兒服務的優點：早期介入與生活規律

優質的托兒所不僅是在爸媽不在時照顧孩子的地方，還有其他提升孩子生活品質的優點，包含：醫療檢測、早期介入、以規律的例行時程來穩定孩子的心，以及先前提到的大家庭式支持。

新手媽媽雪莉很困惑，為什麼兒子貝禮老是學不會新技能，她以為只是自己經驗不足而產生的擔憂。但是貝禮去托兒所沒幾星期，主任就告訴雪莉，初步檢測發現貝禮的發育有點問題。於是，托兒中心和雪莉一同尋求外界協助，證實了貝禮在動作、語音等溝通技巧上發育遲緩。經過診斷找出問題之後，安排貝禮參與晨間的特教班。要不是有托兒中心裡經驗豐富的人員和他們充滿關愛的支持及知識，雪莉可能就不會送貝禮去接受他亟需的早期介入治療。

早期介入較能有效幫助發育遲緩的孩子「迎頭趕上」。經過檢測和評估，外加專業照護人員的經驗和訓練，較易辨識出哪些兒童及家屬需要特殊協助。並不是所有托兒單位都有這種檢測服務，但如果老師或是照護者對你家小孩的發展有些疑慮，你就應該去瞭解清楚。而規律也很重要。

凱爾的雙親離婚，現在他只能有週末會見到爸爸。他和媽媽搬到一間公寓去住，而且媽媽的工作時數又比以前更長了。凱爾生活當中唯一不變的，就是去上托兒中心。凱爾每天都會見到熟悉的面孔，學會了繞圈圈唱歌，並且知道故事時間後緊接著就能吃點心。生活當中其他的一切都像是流沙般迅速變換，他在托兒中心可以感到安全且放心。

就算是家庭狀況改變，例如弟弟妹妹誕生，或是家人生病，托兒中心的慣例作息和熟悉環境能帶給小孩支持力量，以及穩定而有規律的生活。

如何找到優質的托兒照護

我們已經談過外出就業的父母，還有在家顧小孩的父母。但無論境遇及選擇如何，所有家長面臨的現狀就是需要外界力量幫忙照顧孩子，例如找人當保母或是讓小孩待在托兒中心。我們也已討論優質托兒服務的好處，但如果照護的品質不盡理想該怎麼辦呢？並不是所有的托兒服務都有一樣的水準。父母要如何判斷對方是不是有能力、合格的照護者？怎樣才算是優質的托兒所？

首先，務必要把小孩交給可信任的人。你新交的男友或女友不適合帶你的孩子（不管你們之間愛得多深），保母也要找合格的。如果需要同時照顧一群小孩，要有兩個以上的保母較可靠。

要是你定期需要有人幫忙照顧小孩，必須要考慮好幾種因素。不要急著做選擇，多看看幾間不同的托兒所。你注意到什麼呢？裡面的小孩開心嗎？他們在活動中有展現自信嗎？照護者跟小孩對話時，會不會下彎或蹲低身體來調整到他們的高度？藝術

擺設位置是否能讓小朋友看到，或只適合成人的高度？建築環境乾淨衛生嗎？有沒有危害安全的問題？照護者看起來心情愉悅或是煩躁？（別忘了最優秀的老師也可能遇到艱苦的日子！）有足夠的設備來支援各項活動，像是藝術創作、角色扮演、建造積木、戶外攀登以及玩水玩沙？小孩有充分的肢體活動嗎？或是他們要求小孩安靜、待在室內且「乖乖聽話」？小孩是否固定待在嬰兒座椅上或是被放置在電視機前？

查看看這間托兒所有沒有合格執照，以及核發的單位。這間中心是否通過政府許可規範、衛生所法規以及消防要求？有些區域有當地兒童照護資源及轉介服務機構能幫助你瞭解其中狀況。多數家長都會考量預算問題，但選擇托兒所不是便宜的就好。每一個孩子都值得我們投資。

為何要重視優質照護？

要是你家狀況不需要托人照顧小孩，你可能會覺得建立和資助優質的托兒單位與你無關。其實，任何小孩所接受的照護類型、品質等等狀況都會影響到所有人。

有一項非常重要的研究計畫（佩瑞計劃，High/Scope Perry Preschool Study Through Age 40）顯示，曾經獲得「優質」幼年托育照護的成人，高中的在校成績較高，畢業率也比較高。

另外，獲得「優質」托兒所的兒童，長大後較少犯罪問題，平均年收入也遠遠勝過其他人。其他也有許多研究證實優質托兒的好處，包含社交、情意學習和學術優勢。

這樣的研究使我們知道，早期經歷的影響有多麼根深柢固。托兒所裡裡外外兒童的狀況，將影響到我們孩子未來將共享的社會和世界。

如何辨別優質托兒照護

光是瀏覽優質托兒照護的特徵和規範清單，可能讓人看得目瞪口呆。你可能不免懷疑怎樣才能知道該機構是否達到這些標準。解決方式其實不難，那就是開口問。托兒實在太重要了，爸媽是否有信心，會影響到子女對新環境的適應及反應。做決定之前盡量多索取資訊。要是托兒中心或服務單位不太願意回答問題，或不樂意讓你親自走一趟觀察現場狀況，最好還是另尋他處。

托兒照護檢核清單

請使用以下的指標來辨識托兒服務是否優質。

1. 中心或院所：

- 公開展示有效執照
- 職員流轉率低
- 獲頒國家、州或地區認證

2. 職員：

- 受過充分的幼童早年發展和照護培訓
- 團隊合作
- 透過培訓課程跟上新資訊
- 薪資合理

3. 課程強調：

- 均衡發展適齡的學術和遊戲安排（並且瞭解兒童早期時，玩樂和社交技能是孩子最重要的學習課題）
- 社交技能，意即跟其他孩子及職員有許多互動
- 透過各種感官的探索，並且可親近自然
- 解決問題（使用器具或是和其他孩子合作）

4. 教養原則上：

- 非懲罰性
- 兼顧溫和及堅定
- 幫助孩子學習重要的生活技能

5. 在以下方面有一致規律可循：

- 課程
- 處理問題的方法
- 孩子能仰賴的慣例作息
- 日常托兒中心管理

6. 在以下方面確保安全：

- 實體環境
- 機構的健康政策
- 緊急應變計劃

把這份檢核清單帶在身上去觀察托兒機構，以便擁有充分的資訊，來為孩子做選擇。

機構設施

許多地區都要求托兒中心達成一定的規範，才能取得許可執照。也有很多地方用品質評比系統（QRS）評定各中心的分數，以供家庭判斷機構品質優劣。你也可以詢問托兒院所是否採用「幼兒課堂互動評比」（CLASS Toddler）等評量系統，這套系統衡量了教室內的情緒氣氛、教師敏感度，以及學習和語言的適宜程度。（CLASS 工具已經經過多年的研究，受到許多師資培育學程採用。你可以到 http://teachstone.com/the-class-system 瞭解詳情。）

托兒中心的職員流轉率低，表示他們有合理的報酬，享受自己的工作，且獲得機構的支持。要是職員薪水太低，就會換工作，這會讓機構發生變動，阻礙小孩與照護者發展出支持型依附情感。

注意看有沒有特殊證照，有一些全國的發證組織，像是美國全國幼兒教育協會（National Association for the Education of Young Children）以及美國全國認可委員會（National Accreditation Commission，NAC）的早期照護與教育計畫（Early Care and Education Programs）。若這個機構取得核可或認證，表示他們致力於加強可靠度。

機構職員

照護者有適當的培訓和經驗，就能更瞭解幼兒的需求，提供符合這些需求的活動。這樣對大家都是好事。

你可以多瞭解機構的成員受過什麼訓練。不管是醫師、股市分析師，還是托兒所老師，各種專業人員都應該掌握該領域的新知。你考慮讓孩子去上的托兒中心職員有參加工作坊嗎？是否有內部的在職訓練？員工是否受鼓勵參與其他教育課程？教師需要有機會來瞭解新研究、複習基本概念，並聽他人分享如何解決問題的經驗。蒙特梭利（Montessori）、瑞吉歐・艾米利亞（Reggio Emilia）、華德福（Waldorf）教育體系都提供師資培育課程。許多社區大學、四年制大學和碩士班也有幼兒早期發展的學位課程。

看看這家機構氣氛是否融洽。要是托兒中心裡出現意見不合，孩童就會感受到。別忘了，幼兒能夠感受到身旁大人所散發的能量，並且據以產生反應。如果托兒機構鼓勵職員之間及孩童之間的合作，能示範團隊合作的價值。看看是否有定期排定的職員會議、內部溝通工具，以及員工之間的情誼如何。

是否有書面明定的教養政策？他們怎麼處理問題？機構是

否有推薦閱讀的教養相關文章？是否定期提供育兒班或相關辦法？要是遇到小孩打人、咬人或搶玩具的狀況時，教師會怎麼做？確認教師是否受過處理突發狀況的訓練。

機構會體罰孩子嗎？這點至關重要，特別是在幼兒脆弱的前幾年。就算你本人贊同打小孩（現在你一定已經知道我們並不贊成），也務必牢記年幼的孩童特別脆弱，搖晃寶寶就可能致死。大人要是力氣沒拿捏好，原本只是想要輕拍，結果可能轉瞬間就造成骨頭粉碎。

這個機構的態度正向嗎？會親自示範該怎麼做給小孩看，還是不斷用訓斥的方式警告孩子不該做的事？托兒單位的教養方式，應該是「非懲罰性的，也非放任的」。受到良好訓練的員工才知道要如何用溫和且堅定的方式處理問題，並且同時教導孩子重要的生活技能，像是合作、解決問題和使用語言。（記住，孩童還不知道要用哪些字詞，所以需要大人願意指導他們使用言語和解決問題。）

你也可以觀察看看教師怎麼和小孩交談：

- 教師和小孩說話時，是否蹲身到他們的視線高度，或是從教室的另一頭大聲吼叫來要求他們聽從指示？
- 教師是否用尊重的態度和小孩說話？他們會讓小孩參與對話，還是只是基本口令

（「收拾好玩具」、「坐下來」、「清乾淨吃剩的點心」）？

- 是否講清楚規範的界限，或是小孩亂跑而撞到教師時，他只是無奈苦笑？
- 老師是否落實原則？譬如，教師對小孩喊一聲「放下棍子！」然後繼續和同事聊天，讓小孩繼續往空中揮舞棍子嗎？還是老師會親自走過去，並且先請小孩把棍子放下來後，再冷靜地收走棍子？
- 老師是否把注意力放在小孩身上，還是顧著彼此交談？

最好的托兒所會強調尊重、溫和與堅定，還有鼓勵，就像是你在家所實行的原則。

課程內容

現在越來越多父母想要尋找有提供學術教學的托兒機構，像是閱讀、寫作和算數。這種作法，常令幼教專家擔心。你也應該要知道原因為何。

凱西・赫胥—帕賽克（Kathryn Hirsh-Pasek）博士是天普大學嬰兒語言研究室（Temple University Infant Language Laboratory）主任，著有《愛因斯坦不玩識字卡：為什麼該讓幼兒多玩一點，少背一點》一書。她進行了一項研究計畫，調查費城近郊中班一百二十名兒童，追蹤他們讀幼兒園和小學一年級的狀況。研究證實，讀過學術型幼幼班的孩子，確實比普通幼幼班學童認識更多數字和字母。但是，這些普通幼幼班學童在五歲時就能迎頭趕上學業表現。另外，學術型幼幼班的孩子比較容易討厭上學。

要多加注意托兒機構是否使用數位螢幕。孩子必須要有從容的時間及適合他們的節奏，來跟關愛他們的成人玩耍和說話。要是該機構配有好幾排電腦和電視機，讓人不禁要問這樣的設置是否重視使用螢幕更勝於人與人的互動。你可以依照你最重視的事項來做抉擇。

留意是否太早讓小孩學習學術和科技技能。關鍵是要配合小孩的興趣。要是小孩主動說想學習，那就不太可能是你在趕鴨子上架。有些三歲兒童覺得算數或是用鉛筆很有趣，有些會自學閱讀識字，或央求要拉奏小提琴。不論情境或課程安排如何，記得要讓小孩多動手體驗。看看小孩是否有機會在兩個一模一樣的杯中倒入等量的水，而不只是把紙上兩個半圓形塗滿顏色。要確保小孩有很多可以親自計算的物品，而不只是在練習本上寫數字。當然，也要看課程和環境中是否能融入大自然。

規律性

課程要有規律可循，定期提供特定活動，像是表達訓練、老師說故事時間、歌唱活動等。如果孩子在家和在托兒機構都依照慣例表來行事，就能促進順利發展。規律也表示有具體的學習目標並加以落實。比較看看，有些托兒所的學習比較有條有理，有些只給小孩一些老舊的紙板來裁剪、每天早上都直接把他們放置在同一套積木前，或是毫無節制地讓他們在看影片和電視節目。要是有明確的課程規劃，看電視或許沒有問題。但務必要確保托兒機構重視親身體驗學習、健康活動及發育的成長，而不只是安靜聽話。

每位教師或每個班級之間處理問題的原則一致嗎？還是有的教師不准小孩幫忙料理點心，而有的教師把點心時間變成優格手印畫的大亂鬥？

擁有一致規律的托兒機構會使孩子產生信任感、主動性和適度的自主感。如果你在家裡很重視信任、主動和自主，那麼孩子的機構也要給予同樣重視。規律性起自於機構的管理體制。

此外，也該檢視托兒機構的每日營運狀況，請參考下列問題：

- 是否明確表達對孩童、家長及職員的期望？

• 是否妥善籌組活動？
• 是否用專業方式處理財務議題？

安全

包含托兒中心的實體設置、健康政策以及緊急應變的預備。要是機構裡有裸露的電線、任何人都可以接觸洗衣間的櫥櫃，或是有些遊樂設施故障，便無法帶給小小孩安全的環境。要把小孩托付給其他人，需要的不只是相信對方，也不能少了警覺心。

看到教師每次換完尿布都用漂白水來擦拭枱面，讓綺絲不用怕兒子會接觸到危險病菌。看見托兒中心員工每晚把積木倒入洗碗機清潔，瑪妮覺得很安心能讓孩子次日把玩這些積木。肯尼斯看到職員和孩子們一起參與防災演習，覺得這間中心的水準很棒，也讓他想到要在自家做防災規劃。

確認是否所有職員都具備有效的心肺復甦術、緊急包紮和愛滋病防護訓練。什麼情況下他們會讓生病的小孩回家？觀察火災、地震等災難的安全處理程序（你也可以考慮自己加強這方面的能力）。可詢問機構如何處理受傷問題。確保該場所的人員瞭解在不同情況下要如何照顧好你的孩子。

相信自己，參與其中

只有你自己可以判斷全家人的需求。要是需要請人幫忙照顧小孩，請使用以上的指引來尋找可信任的最佳對象。花點時間好好參觀托兒所，觀察現場的小朋友是否舒適，這樣才能知道這家機構是否言行一致。還有，給孩子一些時間來建立情感連結。當然，很多孩子到陌生的環境會緊黏著父母，等父母離開後能夠正常表現，但多在場觀察可以讓你知道孩子會受到什麼樣的對待方式。記得要不斷參與並保持關注。要是有可能的話，偶爾去托兒中心看看，確保一切順利。

沒有任何一間機構或是一名職員是完美無瑕的。要是你希望托兒中心能有所調整或改進，就往這方向來實踐、支持托兒機構的努力，並且把照護者當作是重要的大家庭，也是共同育兒的團隊夥伴。你甚至也可以多準備一冊《溫和且堅定的正向教養 3》給主任或是照護人員，或是自願籌組正向教養育兒群組。

最重要的是，請拆除你的罪惡感開關。無論你是在家照顧嬰幼兒，或是請托兒中心幫忙照顧，都可能會有五味雜陳的感受。留意狀況，盡可能明智選擇，接著放心相信自己的選擇。不管小孩在哪裡，所有孩子終有一天會頂天立地。掌握充足的資訊和意識，能讓你在小孩重要的前三年期間獲得所需的一切。

想想看

1. 把本章提供的托兒照護檢核清單做備份。
2. 參觀托兒機構時把備份清單帶在身上，用來輔助你提問和觀察。
3. 製作一份類似的檢核清單來尋找其他群體活動的照護者，像是教會週日學校、夏季共學團或是特殊活動（生日、婚禮等宴會）。製作一份選擇保母的檢核清單。跟朋友共享這些清單，彼此給予回饋來視情況調整。
4. 記錄你對托兒照護或在家帶小孩的感想。你對自己的決定感到自在嗎？你是否因托人顧小孩而內疚？或因在家沒有工作賺錢而內疚？你要如何排解自己的這些心情來讓小孩有更佳的感受？

第二十章
如果孩子有特教需求

孩子剛誕生時，新手爸媽都會數數孩子的手指頭和腳趾頭，比較自家小孩和別人家小孩的發育情形。**要是你對孩子的成長或發育有所疑慮，應該要好好正視，並且請小兒科醫師或社區的醫療護理師來檢查**。及早辨識和介入是支持有特殊需求孩童的最佳方式。

蘿絲瑪莉注意到，四個月大的女兒安吉拉不像朋友兒子一樣會對搖籃吊飾揮手。她也覺得安吉拉的眼睛好像會朝內偏。剛開始蘿絲瑪莉告訴自己這只是她想太多，接著她決定帶安吉拉去做檢查，但她也懷疑孩子這麼小，可以展開治療嗎？結果令她訝異，安吉拉診斷出有斜視問題，也就是鬥雞眼，接著在兩週內開始配戴特殊的小眼鏡。

還好有早期介入，否則安吉拉的視力可能不堪設想。如果鬥雞眼沒有治療，可能會導致一眼失明。安吉拉現在視力完好無礙，也不需要再戴任何眼鏡。也有的父母堅持要為孩子做進一步診斷，才發現看似「腹絞痛」的問題，其實是耳朵嚴重疼痛，必須透過矯正來

共享關注

問：我有三個兒子。老大六歲，老二四歲，老三剛滿兩歲。老大和老三全聾，但我遇到問題的是老二。他很聰明，夾在需要特別關注的哥哥和弟弟之間，因此擔負起超過這年紀所需的責任。但是，上個月起他開始反抗，要是事情不順他意，他就會一直唉唉叫，也變得比較孤僻。我絞盡腦汁來思考我們的生活慣例有沒有什麼變化，或是什麼事情會讓他這樣。我知道他和哥哥、弟弟所受到的關注類型不同，但他並沒有受到比較少關注。我遺漏什麼了嗎？還是這只是暫時的階段，過了就好？

答：撫養特教兒童需要耐心和敏感度，尤其你要照顧不只一個。孩子非常善於感知，什麼事情都會察覺，但他們在解讀資訊上就比較不擅長了，他可能誤以為有特殊需求的哥哥、弟弟得到特殊療程和醫生診療，表示父母比較疼愛和關心他們。關注的重點不在於實際給予的多寡，而是讓小孩「認定」他們自己和手足獲得多少關注，還有哪些事情讓他們判斷自己在家裡身處的地位。

雖然所有孩童的情緒和生理發育速度都不同，但三、四歲左右的小朋友特別會嘗試發展所謂的「主動性」，也就是形成自己的規劃，依照自己的意思行事，還有，偶爾試試反抗或是唉唉叫。

確實有的這類行為某人就會過去，但我們還是提供一些建議來度過這段時期：

- 慣例。要是還沒有建立日常慣例，可以開始為早晨、傍晚、上學等時段建立慣例流程。每個小孩可以有特別的專屬工作，只要預備好慣例（製作一張大表會很有用），就會成為最有份量的「守則」。您的二兒子想要幫忙和承擔責任很棒，但小孩有時候會為了要獲得愛與歸屬感，而擔負起過多責任。
- 寬心。因為你的兒子很聰明，且所有兒童在這個年紀都自然而然以自我為中心，所以他可能認為身為家裡唯一聽力正常的小孩，自己要負些責任。他可能覺得能聽見聲音很內疚，但沒辦法理解或是表達出這種心情。要讓他知道當個普通小孩就可以了，而且兄弟失聰不是他的問題。
- 情感連結。撥出專屬時間給每個小孩進行一對一相處。這不表示要多花錢或是時間，花個十五分鐘來散散步、丟丟球，或是讀一篇故事通常就足夠了。有位爸爸用洗澡時間來和雙胞胎兒子分別一對一相處。在這段專屬時光，請你的二兒子分享他今天最快樂或最難過的時刻，並且分享你的故事。造就他行為的關鍵，在於他對自己和自己在家裡所處地位的認定。讓每個小孩知道你有多麼關注這段相處時間，且每週從繁忙的行程中騰出時間來經營這些專屬時刻。

解決。有位媽媽發現，只要別讓孩子穿「包到腳丫」睡衣褲的話，小孩就不會一直哭。孩子長大後出現了感覺處理病症，腦部無法整合各感官的資訊，時常導致溝通和行為上的問題。他經過職能治療後，狀況得到大幅改善。

許多特殊需求能透過醫療診斷或父母的觀察而辨識出來。但也有時候寶寶確實是腹絞痛問題，需要一段時間來脫離這個時期。①

幼兒的發音、聽力和視力問題相當普遍。這些問題其實可以盡快治療，也該盡快治療。耳朵受感染的兒童無法穩定地聽到外界的聲音，因此可能會干擾到語言的發展。要是小孩兩歲半時，你還是完全聽不懂他所說的話，考慮找合格的語言治療師做評估，及早進行語言治療，通常會有優異的成果。

> 埃倫似乎都沒在聽師長說的話。有一天，班導師做個實驗，她躲在埃倫身後，搖搖小鈴鐺。其他所有小朋友都轉頭看她，只有埃倫除外。她小聲呼叫埃倫的名字，也沒有回應。導師趕緊請他媽媽帶他做聽力評估，結果顯示埃倫有局部聽力障礙。他一面接受治療，幼幼班老師也學著要在跟他說話前先和他互視。不出所料，他的行為立刻大幅改善。

幼教機構有時會請公共醫療單位的護理師，或社區、校方人員做檢測。這可以偵測出容易遭到忽視的問題。無論有什麼疑慮，只要擔心小朋友的健康或發育問題，家長都應該要相信自己的直覺並尋求協助。小孩可能有特殊需求會讓家長很驚慌，但早期診療和介入

察覺兒童受虐

珍妮佛在托兒所頻頻出狀況，她會咬人或是打其他小朋友和大人，在團體活動時會吼叫和干擾大家，而且在老師要她從遊樂區出來時，她會跑開。照護人員已經試過積極暫停、溫和且堅定的態度，並且也延長讓她待在遊樂區內的攀爬和奔跑時間。他們和珍妮佛媽媽見面，並詢問她在家時是否也有同樣問題。媽媽回答確實有。珍妮佛在家和在托兒所的情形每下愈況。後來是媽媽詢問諮商人員後才知道珍妮佛可能遭到家人性虐待。於是他們聯絡兒童保護單位，也查出疑似虐待她的人，加以隔離。經過一段時間的諮商和各方支持下，珍妮佛終於能夠冷靜下來，之前的行為問題也逐漸改善。

不過也要注意，並不是所有產生問題行為的兒童都是受虐兒。雖然受虐很可怕，但只有成人可以保護這些脆弱的孩子。務必要持續關注小孩狀況，並且正視他的行為。需要的話一定要求援。

① 詳情請參考簡・尼爾森（Jane Nelsen）、史蒂芬・福斯特（Steven Foster）及阿爾琳・拉斐爾（Arlene Raphael）所著的《特教兒童的正向教養》（暫譯）（Positive Discipline for Children with Special Needs）

能確保你盡一切所能來幫助小孩成長和學習。

當孩子有特教需求的時候，家長如果能秉持正向教養提倡的尊重、鼓勵技巧，應該能夠有效應對這些親子的共同挑戰。對特教兒童來說，飲食、睡眠、社交技能和能力發展的安排都會很不一樣。父母一定要建立兼顧的支持網，需要時一定要求助，而且相信自己的智慧和常理判斷，別忘了要鼓勵孩子在能辦到的情況下盡量自己來。以上這些教養工具，能幫助你和孩子發展出能力感和自信心。

天災人禍等危機情況

任何時間點都可能會出現緊急狀況和危機。淹水、火災、龍捲風、暴力行為、恐怖行動和戰爭爆發都可能無預警發生，且對成人和兒童都造成焦慮和壓力。不過，就算情況再糟，只要父母和照護者多多營造歸屬感並監控好環境狀況，小孩就能夠獲得撫慰。建立慣例流程、限制媒體使用，並以鎮定且關愛的態度來安撫小孩，能有極大效果。

滿足照護者的需求

在艱難的時期，大人為了維持冷靜，一定要好好照顧自己。盡己所能來面對情境。一旦確保小孩安全後，也為自己求援。多加強自己的應對技巧，給自己一些時間來面對內心感受，也可以好好哭一場。這些適用於所有照護者和家長。

也要接受小孩的感受。不要用說理的方式來忽視這些感受。好好面對逆境可以培養韌性，逃避則無法做到這點。你可以採取必要行動、尋求所需的力量和支持，來提高你和孩子一起安然度過的機會。

危機時刻中的孩童照護

在危機時刻，照護者可以提供重要的支持力量。無論這個衝擊是來自於醫療結果、家庭變故或是外在事件，以下建議或許能幫助到家長和照護者：

• 動手活動：給小孩畫畫工具或是用來揉捏的黏土材料，可以讓小孩消化剛發生的狀況，並且宣洩緊繃的壓力。

• 提振精神力：可以的話，盡量給小孩貢獻一己之力的辦法。可以很簡單，像是幫忙拿水瓶或是點心給其他人，或是把繃帶盒遞給護理人員。做點事情來幫忙，可以減緩小孩的無助感，並且提升處理問題的能力和韌性。

不管孩子面對何種特殊境遇，他都需要歸屬及自我價值感、有機會貢獻一己之力，並獲得大人的悉心關愛。

想想看

1. 要是你對小孩發育狀況有所疑慮，用文字記錄下來。等一兩週後，再來看看這些內容。你還是擔心上頭的狀況嗎？是的話，跟小兒醫師或托兒服務單位約時間討論。

2. 要是孩子受診斷出有特殊需求，你覺得這會對你們親子關係帶來什麼改變？你要怎麼照顧好自己，才能提供小孩所需要的支持力量和所需服務？

第二十一章
全家人一同成長

不管你的新生寶寶脾氣多好，不管你多高興自己要準備當爸或當媽了，幼兒的前幾個月和前幾年都充滿挑戰。在家帶新生兒的父母常常覺得這項職責和他們預想的不一樣。漫長的夜晚一直被餵奶和換尿布給打斷，父母縱然心全意付出，不久後熱情也會消磨掉。

許多幼兒的爸媽可能曾忍不住想要對身旁經過的人說：「和我說說話！」這是有道理的。剛成為父母的人，必須尋求支持力量。與其他成人聯繫感情能為新手爸媽帶來滋養，嘉惠孩子和家庭。

借助他人的智慧

雖然大家對養育嬰幼兒的各項細節看法不一，但建立支持網路（擁有可以陪伴你的朋友圈）能對育兒及與孩童帶來寶貴的資訊。好好和有同齡小孩的家長打好關係，或是那些剛經歷你孩子所處時期的家長。不要怕問一堆問題。得知其他人的子女也做過和自家孩子同樣怪異、嚇人的事，能讓你心情放鬆點。

能提供意見的包含教會或社區單位建立的親子團體、育兒班、國際母乳協會（LLL）、線上互助會等其他社群媒體聯繫管道，還有和其他同為家長的朋友。有個成功的模型是幼兒家長扶助計畫（Program for Early Parent Support，PEPS），這是在社區推行的計畫，源自於北美洲的中西岸地區。小孩剛出生後，新手父母就會組成 PEPS 小組，成員包括寶寶出生日期相近的其他爸媽。這些家庭定期舉辦聚會。也有為青少年家長開設的扶助計畫。扶助計畫的目標在於減少各家庭的孤立狀況，並且創造出互相給予支持、資源和鼓勵的交際網。另一個熱門團體是學齡前幼童媽媽團（Mothers of Preschoolers，MOPS），以教會為中心，舉辦聚會和提供育兒支持。你可以上網查查所在區域的類似計畫。要是都沒有的話，可以自己籌組一個團體。也可以詢問小兒科醫師意見看看。家醫科醫師在幫助年幼病童及家長的過程中，會聽聞許多經歷和消息，因此能提供支持力量和實際資訊及建議。

有些家長發起「讀書會」，輪流討論正向教養的相關書籍，並一同學習使用正向教養工具。也有不少爸媽和照護者參與「正向教養家長講師認證」及「正向教養早教講師認證」來學習如何帶領家長課程，因為他們知道教導他人（以及接受不完美的勇氣）是最佳學習方式。

不過，面對面接觸還是不可取代的。要是可能的話，可以參加家長課程團體。不論如何安排，有個能互相體諒處境的團體來一起討論狀況，一起提問並探索育幼的奧秘，可以帶來完全不同的結果。

不過，無論去在哪尋求支持力量，別忘了到頭來還是你自己要決定哪些措施才適合自己和孩子。**盡可能集結別人的意見，接著聽從自己的內心聲音，再來選擇最適合的作法。**

充實自我

問：我是年輕媽媽，有三個不滿五歲的小孩。他們是我最大的喜悅泉源，我也真心喜歡當媽媽！但是我實在不堪負荷。我老公工作時間長，晚上還要去上課。我要打理家務、做兼職工作、繳付帳單、處理大小事還有養小孩。他們都是很棒、資質很好的孩子，但他們多多少少算是所謂意志頑強的小孩。我覺得自己分身乏術，怎麼做都不夠。

打從我眼睛張開那刻起，一直到半夜，我都沒有什麼自己的時間。我隨時都很疲累虛弱，有時頭疼得不得了。簡單來講我最近常情緒失控，然後又會因為內疚能更加消沉。我讀過很多書籍和雜誌，也知道我贊同正向教養的理論，但我覺得這些的範例和想法與我的真實生活完全脫節，讓我覺得更鬱悶了。

答：你描述的情景中，有哪裡不對勁？你不是兼職或全職在工作，你是在過勞工作！你沒好照顧到的人就是自己，其他人也會因此遭殃。人往往會忙著處理生活當中「應當」的事，因此不僅把自己的需求排到後面順位，而是連排都排不進去。給家人最好的禮物，就是平靜且充分休息的「自己」。

可以考慮請人幫忙處理家務。要是錢不夠用，多多發揮創意。或許能用物品來交換。每週排一到兩次和其他人換班照顧小孩，這樣你就能出外走走、上瑜珈課或是去游個泳還有洗三溫暖。如果能喘口氣的話，你的家人可以看出差異，當然你自己也是。

為人父母就像用瓶子倒水，如果沒有再次裝填水瓶，能倒出的杯數有限。家長或照護者常會忽然發現自己為了孩子已耗盡力氣，因此瓶中的水一滴水也不剩。有效且充滿關愛的育兒過程中，需要付出許多時間和精力。如果自己已經殫精竭慮而暴躁難耐，或是不堪負荷和壓力過大，就沒辦法拿出最佳表現。

要怎麼重新裝填水瓶呢？多照顧自己，並且在乾涸之前就補充水。這麼做的形式有好幾種。要是你有時候會在安靜的時刻做白日夢，渴望能做一些美好的事情，或許這就是提

照顧好自己

照顧自己與照顧小孩一樣重要。請參考以下要點：

- 明智規劃時間。
- 製作清單。
- 為重要關係預留時間。
- 經常從事自己喜歡的事。
- 避免行程過滿。

醒你該思考如何照顧自己了。

明智規劃時間

父母在迎接小孩後，就必須要調整原定生活事項的先後緩急。你只要觀察幾天你自己的時間分配方式，就可以看清實際狀況。工作、學校及其他關乎撫養小孩的任務，沒有改變的空間，但許多爸媽卻花過多時間來處理優先順位較低的事。

舉例來說，要是你經常在晚上要醒來顧嬰幼兒，那就盡量在小孩日間小睡時自己也睡一會兒。你可能想要在家忙東忙西，把「應該」做的事打點好，但清潔浴室和清除傢具灰塵的工作永遠存在，要是你把這時間拿來小歇一下，心情會更愉快，做事也會更有效率。與幼兒同度生活時，時間寶貴，也很稀少。記得要盡可能明智運用時間。

製作清單

找個安靜的時刻，列出你想做或是想開始但遲遲沒行動的事項。接著，小孩正在小睡或是交給別人照顧時，利用這些寶貴時間來進行清單上的活動。記得不要只有家事和職責，也要有那些可以帶給你身心滋養的活動，像是讀本好書、泡熱水澡或和朋友輕鬆講電話。

另一個作法是只列出三到四項活動，接著全部都執行。一天下來你可能會因這個成就而受到鼓舞。每個人都是在感受良好時才能表現良好。

為重要關係預留時間

跟好朋友喝杯茶具有神奇的療癒力量。有時打個刺激的壁球也能讓人恢復到正面的人生觀。你的世界只有精力充沛的小小孩，不妨找時間跟關愛你的大人交談，可讓你耳目一新。你和另一半可以輪流照顧小孩，彼此都能有時間找朋友，或也可

以選擇和其他夫妻檔相聚。你也要預留時間和另一半出外。去公園和朋友相聚，可以讓父母和小孩充充電，並且一起玩樂。往來圈子要寬廣點，來容納家裡以外的人，這能幫助你維持健康、均衡生活。

經常從事自己喜歡的事

找時間來做一些能心情愉快且讓整個人活力充沛的事，無論是騎單車、打壘球、合唱團練唱、動手調整機械、做園藝、設計一條被褥等。嗜好和運動對身心健康很重要。要是多投注時間和心力來提升自我，育兒時就能更有耐心和成效。確實，要騰出時間來做這些事可能會有困難，而且你會忍不住想：「以後再說。」但是，往往這個「以後」永遠不會到來。就算每天只花二十分鐘來做自己喜愛的事，也是個良好的開始。

以下提供幾項建議：

- 先讀完書中的一個章節，再下床開始做事。
- 趁小孩在附近玩耍、動手清理餐盤或是展開睡覺慣例流程前，花個十五分鐘來素描或是編織。
- 午休時間出外走走，或是趁小孩小睡時靜靜坐在窗邊曬太陽，不要把這段時間拿來看電子郵件。

- 上床前先泡個澡來放鬆。請另一半跟你輪流陪小孩進行就寢慣例流程，這樣你至少每隔一天就有時間來泡澡。

自我照護不是可有可無的，因為少了自我照護，大家都會受連累。父母常以為花時間做自己的事很「自私」，但事實絕非如此。相信我們，不用持續關注小孩，他也可以活得好好的。事實上，有了身心健康且獲得足夠支持力量的父母，小孩更能夠順利發展。孩子能感受到情緒的氛圍。疲憊和怨懟都無助於小孩成長，還有可能會消磨掉全家的天倫之樂。

避免行程過滿

許多家長盡可能提供豐富且有各項刺激的環境給幼兒。畢竟，在幼兒早期前幾年，他們正在學習和發展重要技能。許多兩、三歲的幼兒在爸媽的安排下參加了為數驚人的團體，有寶寶體操團、寶寶游泳班、幼幼班、共學團，還有幼童的音樂及學術班。一個活動完，就要把小孩送去下一個活動。雖然這些活動對幼兒來說可能好玩且能提供各式感官刺激，但最好要限制活動數量。研究學者注意到，全家人一起放鬆和共同從事「休閒」活動的時間相當稀少，大家都急急忙忙要趕場，使得彼此感情下滑。爸媽可能會變得易怒疲憊，小孩沒什麼時間可以發揮創造力、學習自己找事做或單純玩樂。記得，比起對「刺激」的需求，小孩更需要的是情感連結，以及親子共處時間。就算課程再刺激有趣，把時間用來摟摟抱抱、在地板上爬行和一同玩耍，或是讀本書，反而更有價值的多。

學習辨識和處理壓力

咬牙切齒、緊握拳頭、肌肉緊繃、頭痛、忽然有想哭的衝動，或是想把自己鎖在浴室裡頭，這些都是父母壓力過大而出現的症狀，記得要多加留心。多數父母，尤其是新手爸媽，偶爾會感到不堪負荷、筋疲力盡，甚至可能心中充滿憤恨。因為父母想要當「好父母」，他們覺得很難開口和人談這些困擾的想法和感受。

金姆好不容易睡著，然後狀況就來了，令人心煩的哀啼聲傳來，表示兩個月大的貝琪又醒了。金姆不耐地呻吟，一時之間很想把頭埋進枕頭，接著趕快起身。她的另一半到城鎮外出差一星期，而這次是貝琪今晚第二次醒來。金姆累極了。

她蹣跚走入寶寶房，連燈都懶得開就著手進行夜晚的慣例流程。

過半小時後，已經把貝琪餵飽、幫她換尿布和拍嗝，但她哭得卻是比之前厲害。金姆把寶寶抱入懷中，開始在老舊的搖椅上搖呀搖，努力克制自己想哭的心情。她覺得很無助，完全受制於這個小娃兒，而且這個小娃兒也不說說問題究竟在哪。金姆這週都沒時間洗衣服，家裡雜亂不堪，要是能換來紓壓的按摩服務，她簡直什麼都願意給。發生了什麼事了？這並不是她當初肚子懷著貝琪時所想像的生活。

金姆朝下看著女兒的臉，驚覺映入眼簾的不是美麗又親愛的寶寶，而是難服侍、吵鬧的小怪物，都不讓媽媽好好睡一覺。金姆當下最想要做的事情，就是放下寶寶自行離去。花了將近兩小時，貝琪終於在穩定的搖晃節奏中獲得安撫而入睡。情緒激動的媽媽則是要花更長的時間，才能平復這次狀況導致的意料外激烈情緒。

感受不等於行動。嬰幼兒的爸媽感到氣餒和心力交瘁不是少見的事，而對小孩產生憤怒和憎恨感的爸媽多數會感到極為內疚。這些感受很正常，但要謹慎處理這些情緒感受。要是你想要大罵或怒斥小孩，請把這些感受當作是提醒你該做點事來照顧自己了。先確保小孩置身於安全的環境裡進行活動，接著給自己幾分鐘的積極暫停（積極暫停本來就是對大人更有效果）。也可以安排一些時間來調劑生活。就連最厲害的家長，也會因為疲憊受挫而對小孩說或做出事後懊悔的事。最好要投注足夠時間來提升自身的感受。要是這些做法都不管用，或是你的絕望感持續加深，向治療師或是牧師求助。尋求協助可以加強你和小孩的生活品質。

緊急救援

就算沒有憂鬱症或是外在危急事件發生，爸爸媽媽還是可能覺得應接不暇。多數社區提供緊急專線可以給予立即的電話協助，也有醫院設有類似的服務。花一點時間和能夠理解狀況、撫慰心情的成人講講話，或許能帶來最大的改變。

要是你怕孩子有危險，可以確認看看社區裡有沒有喘息服務。需要人幫忙並沒有錯，更不用感到羞愧。勇於求助才是真智慧。

與人接觸

貝絲回頭望向家裡，看見朋友卡蘿琳抱著十四個月大的格雷戈里向她揮手道別。貝絲坐進休旅車的駕駛座後，看看後座上兩個好朋友。

「唷，真是引頸期盼的時刻。」

後座的安妮和裘琳笑出聲來。裘琳說：「對呀！妳一定要盡情享受，因為下週小孩們都要換到去妳家了。」

過去半年，貝絲、安妮、裘琳和卡蘿琳共度「媽媽出遊日」，每個週六早晨，四人當中會有一人照顧所有人的六個小孩。輪休的三人打包好午餐、規劃好活動，就能夠有四小時的幸福時光可以購物、打網球、散步，或是喝咖啡和聊聊天。她們一開始會覺得有點內疚，但很快就知道小孩會受到良好照顧，而且很樂於讓媽媽晚點以平靜愉快的心情來接自己，因此能夠放心說聲再見，接著開車出遊。她們每次都會抓好談定的時間回來，所以沒有人會覺得被占便宜。

支持力量有各種面貌。不管哪種方式對你有效，要去哪裡尋得，都用感激的態度來接受吧。**育兒是件辛勞的事，單憑自己的力量是不夠的**。孩童和家庭需要支持她們的社群，這個社群實際上可能包含熟悉的親戚、育兒班、好朋友或甚至是網路上浮現的打氣文字。最重要的是支持力量存在。好好利用吧，這對每個人都有好處。

事實上，家長也需要從他人身上得到歸屬感，像是伴侶、家人、朋友和社群成員。畢竟，自己沒有的東西，使無法給予你的小小孩。花時間滋養「你自己」的生活，可以為所有人帶來改變。

想想看

1. 你喜歡做什麼事？寫下三種。看看這個清單，要是看起來是天方夜譚，像是「去巴黎旅行」，問問自己在當前狀況能如何實現比較簡單的活動。說不定，你可以和另一半交換幾個小時的照顧小孩時間，然後用這段時間來參觀當地的藝廊。

2. 要是你的清單上寫「準備美味餐點」，或許能在睡前製作好精緻的沙拉淋醬，接下來午休時，把醬淋到從沙拉吧拿來的蔬食上。規模很小也沒關係，想辦法去享受你所重視的活動，這能讓你感覺良好，並因此表現也更好。

3. 很多成人覺得尋求協助是很難開口的事。要是你想要照顧自己的需求，或是和另一半夜出約會，能請誰來幫忙？可以用什麼來回報對方？

結論

有時不免覺得，寶寶誕生的前三年簡直永無止盡，每天都要面對小嬰兒沒完沒了的尿布和奶瓶，還有同樣永無止盡的夜晚，巴不得趕快跳到他的下一個人生階段。

接著到了幼兒的年紀。你忙著把家裡安裝好兒童防護措施、盡可能維持冷靜和耐性、使盡全力來應對這個好動難搞的小娃兒，還有他時而出現的鬧脾氣和不當行為。忙亂的一天過去後，你整個人都累垮了，等不及要進入小孩下個人生階段。

終於下個階段也來了。孩子長大了，忙著顧課業和朋友，成為獨立的青少年，後來離家。此時每個父母都會說：前三年過得實在太快，一個不小心就過去了。

轉眼之間，孩子已經穿不下原本小巧可愛的服裝。小奶嘴和小被子也扔一邊去了。原本最愛的玩具都收進櫃子裡不再去碰，而這些玩具的前主人忙著參與新活動，交新朋友。終有一天你看著充滿自信、熱切的孩子奔向朋友身旁，就會開始想念這前三年你所擁有的，也就是嬌嫩、令人疼惜且不能沒有你的小寶寶；總是馬不停蹄而把你的世界搞得天翻地覆，但一個眼神就能擄獲你心的幼兒；前一刻還在考驗你的耐性和毅力，下一刻奔來給你擁抱，在你臉頰獻上黏答答之吻。

照顧幼兒時，要學習和記住的事項很多，我們這整本書都在探討這個議題。不過，要是說我們（身為作者以及小孩早就超過三歲的家長）有一個課題一定要和你分享，那就是要珍惜現在所擁有的時光，停頓下來讚嘆沉睡寶寶的美好奇蹟，珍惜充滿好奇的幼兒所帶來的驚喜，還有他毫無拘束的笑聲。慢慢深吸口氣，細細品嘗，看著小孩學習、成長和探索他在世上所處位置的滋味。多拍些照片，留些時間來歡笑、玩樂和單純享受。這三年很快就會在不知不覺中悄悄溜走。

我們希望本書能提供你實用的資訊，陪伴你和小小孩在關鍵的幾年和幾個月共同探索前行。這時期的重要性非同小可。爸媽和孩子都在學習很多事情，也都會犯下許多錯誤。切記，錯誤是共同學習和成長的絕佳機會，犯錯之後常有的擁抱和淚水能讓你更親近心愛的人。

你能給孩子的最佳禮物不是可以觸碰、握持或把玩的物品。甚至，孩子可能好長一段時間無法辨識或珍惜這個最佳禮物，但它確是無價之寶：你可以帶給孩子信任感、尊嚴和

尊重。你可以相信他們、鼓勵他們並且教導他們。你可以賜予孩子信心、責任和能力。你也可以一步步陪同在孩子身邊並和他們分享，讓他們看見要如何珍愛生命。

盡可能學習，需要時就要求助。捨棄「超完美夢幻孩子」的想法。觀看、聆聽、學著去瞭解你真正擁有的這個孩子。最重要的是，提起勇氣相信你自己的智慧和對小孩的認識。育兒是個比其他事都還要艱巨的挑戰，但這份職責也能帶來最無與倫比的收穫。

國家圖書館出版品預行編目資料

溫和且堅定的正向教養3：從出生開始培養有信心的孩子，瞭解適齡行爲，紮根良好人格基礎 / 簡.尼爾森(Jane Nelsen), 雪柔.埃爾溫(Cheryl Erwin), 羅莎琳.安.杜菲(Roslyn Ann Duffy)著；陳依萍譯. -- 初版. -- 臺北市：遠流, 2020.02
面； 公分
譯自：Positive discipline : the first three years@@from infant to toddler-- laying the foundation for raising a capable, confident child, Revised and Updated Edition
ISBN 978-957-32-8696-7 (平裝)

1.育兒 2.親職教育 3.子女教育

428.8 108021424

溫和且堅定的正向教養3：從從出生開始培養有信心的孩子，瞭解適齡行為，紮根良好人格基礎

POSITIVE DISCIPLINE: THE FIRST THREE YEARS: From Infant to Toddler – Laying the Foundation for Raising a Capable, Confident Child – Revised and Updated Edition

---

作者 簡・尼爾森博士、雪柔・埃爾溫、羅莎琳・安・杜菲（Jane Nelsen, Ed.D., Cheryl Erwin, M.A., and Roslyn Ann Duffy）／譯者 陳依萍／責任編輯 陳希林／行銷企畫 許凱鈞／封面設計 陳文德／內文構成 6宅貓／發行人 王榮文／出版發行 遠流出版事業股份有限公司／地址 臺北市南昌路2段81號6樓／客服電話 02-2392-6899／傳真 02-2392-6658／郵撥 0189456-1／E-mail: ylib@ylib.com／著作權顧問 蕭雄淋律師／2020年02月01日 初版一刷／定價 平裝新台幣380元（如有缺頁或破損，請寄回更換）／有著作權・侵害必究 Printed in Taiwan／ISBN 978-957-32-8696-7／ylib 遠流博識網 http://www.ylib.com

---
